Kolumbus-Eier

Kolumbus-Eier

Spiele und Experimente aus der Physik

Herausgegeben von
Heinrich Hemme

Anaconda

Der vorliegende Band folgt der Ausgabe *Kolumbus-Eier. Eine Sammlung unterhaltender und belehrender physikalischer Spielereien.* Hrsg. von der Redaktion des »Guten Kameraden« (Illustrierte Knabenzeitung). Mit 138 in den Text gedruckten Illustrationen. Erster Band. Vierte Auflage. Stuttgart, Berlin, Leipzig: Union Deutsche Verlagsgesellschaft 1940. – Sämtliche Abbildungen wurden übernommen, der Text in Orthographie und Interpunktion überarbeitet.

Die Deutsche Nationalbibliothek verzeichnet diese Publikation in der Deutschen Nationalbibliographie; detaillierte bibliographische Daten sind im Internet unter http://dnb.d-nb.de abrufbar.

Umschlaggestaltung: pecher und soiron, Köln
Satz und Layout: GEM mbH, Ratingen
Printed in Czech Republic 2013
ISBN 978-3-86647-907-4
www.anacondaverlag.de
info@anacondaverlag.de

Vorwort des Herausgebers

Am 1. Januar 1887 konnte man an den Kiosken die erste Ausgabe der wöchentlich erscheinenden illustrierten Knabenzeitung *Der Gute Kamerad* kaufen. Ihr Herausgeber und Verleger Wilhelm Spemann hatte den Titel von Ludwig Uhlands bekanntem Gedicht übernommen. Die Zeitung war eine bunte Mischung aus Abenteuer-Erzählungen, Berichten aus Natur und Technik, Ratgebern und Kuriositäten. Schon auf der Titelseite des ersten Heftes begann die Wild-West-Erzählung *Der Sohn des Bärenjägers* von Karl May, die sich in Fortsetzungen über 39 Hefte hinzog. Bis 1897 schrieb er noch neun weitere Fortsetzungsromane für den *Guten Kameraden.* Karl May und einige andere, damals sehr bekannte, aber heute längst vergessene Jugendbuchautoren wie Johannes Kaltenboeck, Franz Treller und Maximilian Kern sorgten mit ihren Erzählungen dafür, daß *Der Gute Kamerad* von Anfang an ein Erfolg und zur beliebtesten Knabenzeitung Deutschlands wurde. Er erschien regelmäßig bis 1968 und war nur in den letzten Kriegsmonaten und in der Nachkriegszeit für fünf Jahre unterbrochen.

Doch nicht nur der Abenteuer-Roman, sondern auch die Physik machte den Erfolg der Zeitschrift aus. Natürlich nicht die Physik der Formeln und Zahlen, die den Jungen in der Schule eingetrichtert wurde, sondern die der verblüffenden Experimente.

Mit leicht zu beschaffenden Alltagsgegenständen wie Gläsern, Streichhölzern, Dominosteinen, Gabeln, Kerzen, Löffeln und Schnüren wurden Versuche gezeigt, die jeder Junge leicht nachmachen konnte und die sich oft völlig anders verhielten, als es der gesunde Menschenverstand erwartete. So konnten sie ihre Freunde, Geschwister, Eltern und sogar ihre Lehrer überraschen. Darum langweilte *Der Gute Kamerad* die Jungen nicht mit langatmigen Erklärungen der physikalischen Ursachen, sondern zeigte ihnen, wie sie die Experimente als Varietékünstler ihrem Publikum am effektvollsten vorführen konnten.

Um 1900 stellte die Redaktion des *Guten Kameraden* mehr als hundert dieser physikalischen Spielereien zu einem Buch mit dem Titel *Kolumbus-Eier* zusammen. Die *Kolumbus-Eier* wurden ein großer Erfolg und erschienen bis in die Zwanzigerjahre des letzten Jahrhunderts in über dreißig Auflagen.

Heute, über hundert Jahre nach dem ersten Erscheinen der *Kolumbus-Eier*, klingt der Text auf eine angenehme Weise etwas altmodisch, und die Holzstiche, die jedes einzelne Experiment illustrieren, haben den Charme des ausgehenden neunzehnten Jahrhunderts. Die physikalischen Spielereien jedoch sind immer noch genauso aktuell wie vor hundert Jahren und werden Jugendlichen und Erwachsenen heute genauso viel Spaß und Kopfzerbrechen bereiten wie damals.

Heinrich Hemme

Inhalt

Der balancierende Weinkelch

Haben Sie Lust, meine Herrschaften, eine stattliche Anzahl Kolumbus-Eier kennenzulernen, oder, um es verständlicher zu sagen, ein wenig Experimentalphysik zu treiben? Ja? Nun, dann sollen Sie sogleich bewiesen sehen, daß man bei einiger Findigkeit, ohne jegliche Vorbereitungen und Apparate, auf die einfachste Weise die hübschesten physikalischen Kunststücke auszuführen imstande ist, die freilich oft sehr viel mit Knacknüssen gemein haben – darum aber erst recht zur Unterhaltung einer Gesellschaft sich eignen, zugleich geistschärfend und sehr lehrreich sind.

Beginnen wir mit einem leichten, darum aber nicht minder eleganten Versuch über die Lehre vom Gleichgewicht, indem wir uns die Aufgabe stellen, daß die Enden dreier Stäbe ein Weinglas tragen sollen, und machen wir eine Vorübung mit schwedischen Streichhölzern. Nehmen wir zunächst zwei derselben, legen sie kreuzweise übereinander, und halten sie mit zwei Fingern der linken Hand fest; dabei kann das obere Hölzchen waagerecht liegen. Nun führen wir ein drittes von oben her schräg in den oberen rechten Winkel, machen mit der rechten Hand eine leichte Wendung nach außen, wodurch sich das letzte Holz unter die obere Hälfte des senkrechten und über den rechten Teil des waagerechten Stäbchens legen soll. In dieser Stellung halten wir alle drei fest, stellen sie auf die Tischplatte, und ordnen die Hölzchen so, daß sich in der Mitte ein gleichseitiges Dreieck bildet. Jetzt steht der kleine improvisierte Schemel fest, und kann mit einem beliebigen Gegenstande mittlerer Schwere belastet werden, er wird nicht umfallen. Jeder Stab steht mit dem einen Ende auf der Tischunterlage, geht hierauf unter einem zweiten Holz hinweg, ruht dann auf dem dritten, und ragt mit dem andern frei empor. Nach dieser Probe verursacht die Herstellung einer gleichen Tragvorrichtung in größerem Maßstabe – mit Stäben, Linealen oder Messern – keine weiteren Schwierigkeiten. Stellt man alsdann auch hier einen Gegenstand von einigem Gewicht darauf, etwa, wie in unserer Abbildung, ein zerbrechliches Weinglas, so kann es keineswegs in Gefahr kommen, denn die Festigkeit des Baues wird durch die Belastung nicht verringert, sondern erhöht.

Die schwebende Karaffe

Nicht minder wirkungsvoll, dabei keineswegs schwierig ist die Variation des vorausgegangenen Versuches, wie sie uns aus der obenstehenden Abbildung entgegentritt. Die Karaffe scheint fast ganz in der Luft zu schweben, und doch bilden die drei Messer ein verhältnismäßig festes Gefüge. Wie die letzteren übereinander gelegt werden, ist aus dem

Bild klar ersichtlich, ihre Kreuzung entspricht ganz dem zuvor besprochenen Stäbchengestell. Wir verfahren dabei wie folgt: Wir stellen ein Messer senkrecht, Schneide rechts; quer darüber ein zweites waagerecht, Schneide oben; das dritte schräg durch den Winkel rechts oben; wir erfassen das letztere aber nicht am Griff, sondern am Rücken der Messerplatte, so daß die Schneide nach innen sich richtet. Die Fläche des dritten Messers geht unter der des ersten hindurch über die des zweiten hinweg. Ist die Kreuzung der Klingen so fertiggestellt, legen wir die Messer mit den Griffen, wie aus der Abbildung ersichtlich, auf die Ränder dreier Weinkelche. Nun kann auch auf diesem Gestell, ohne Gefahr, eine zerbrechliche Karaffe Platz finden.

Der verehrte Leser wird bei weiterer Durchsicht dieses Buches noch manche andere, hübsche Gleichgewichtsspielerei kennenlernen, die sich mit dem oben geschilderten Versuch kombinieren läßt. So könnte, beispielsweise, auf den Halsrand der Karaffe auch noch ein balancierendes Ei aufgesetzt werden. Wir ermöglichen dies, indem wir oben auf das Ei einen Weinflaschenkork auflegen, in den wir die zu den Messern gehörenden drei Gabeln eingesteckt, und so nach einigen Versuchen und Änderungen der Stellung von Kork und Ei das erforderliche stabile Gleichgewicht hergestellt haben. Den Kork höhlen wir unten etwas aus, so daß er auf dem Ei recht satt aufsitzt. Der Bau wird solcherweise einen noch mehr überraschenden Anblick darbieten. Daß bei diesem Versuche weder dem Ei, wenn es ein rohes ist, noch der Karaffe ein Unglück widerfahre, dafür übernehmen wir allerdings keine Verantwortung. Jedenfalls raten wir, vor der Belastung die Tragkraft der Messerkreuzung durch entsprechend starken Fingerdruck zu prüfen.

Drei Zündhölzer durch ein viertes emporheben

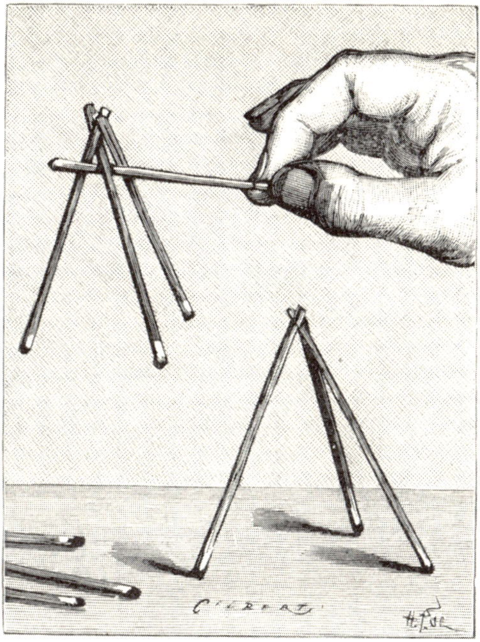

Nun gestatten wir uns aber auch, unserem verehrten Zuschauerpublikum, d. h. falls wir welches haben, einiges Kopfzerbrechen zu verursachen, und greifen nach dem Streichholzbehälter. Wir entnehmen demselben zunächst ein Hölzchen und spalten dasselbe behutsam an seinem von Zündstoff freien

Ende, flachen dann ein zweites keilförmig zu, und stecken dieses Ende in den Spalt des ersten Hölzchens, so daß beide einen spitzen Winkel bilden. Wir stellen nunmehr diese vereinigten beiden Hölzchen auf den Tisch, und stützen dieselben gegen ein drittes Zündholz, so daß nun alle drei in einer Weise stehen bleiben, wie dies aus dem unteren Teil unserer Abbildung zu ersehen ist. Damit hätten wir die Vorbereitungen zu unserer Scherzaufgabe getroffen, und fragen nun, wer dieses Stäbchengestell mittelst eines vierten Hölzchens aufzuheben imstande sei. Dies wird nach vielleicht mehrfachen vergeblichen Versuchen einiges Kopfschütteln verursachen, denn die Lösung ist nur auf die im oberen Teil unserer Abbildung angezeigte Art möglich, indem wir das dritte Hölzchen durch entsprechende seitliche Führung des Stäbchengebäudes unter die zusammengefügten Spitzen des ersten und zweiten gleiten lassen, und dann vermittelst des vierten die Kreuzung erfassen und emporheben. Hat sich unser Zuschauerpublikum als einigermaßen dankbar erwiesen, so verwenden wir die beiden erstbeschriebenen, zusammengesteckten, einen spitzen Winkel bildenden Zündhölzchen, zu einer hübschen Zugabe. Wir neigen die beiden Hölzchen einander noch mehr zu, so daß der Winkel möglichst spitz wird, und setzen die beiden Schenkel mit dem Berührungspunkte so auf die Schneide eines Tischmessers, daß die beiden Streichholzköpfe die Tischplatte eben nur berühren. Die

Aufgabe besteht nun darin, das Messer, ohne daß die Hand oder der Arm sich stützen, so ruhig zu halten, daß der Reiter sich nicht fortbewegt. Es wird dies nur in seltenen Fällen gelingen, d. h. der Reiter wird sich gewöhnlich alsbald davonmachen. Um dem Versuch einen weiteren äußeren Reiz zu verleihen, können wir an dem Vereinigungspunkt der beiden Hölzchen den aus leichtem Papier ausgeschnittenen Oberkörper eines Jockeys oder eines Husaren aufstecken.

Eine größere Anzahl Streichhölzer mit einem Zündholz in die Höhe heben

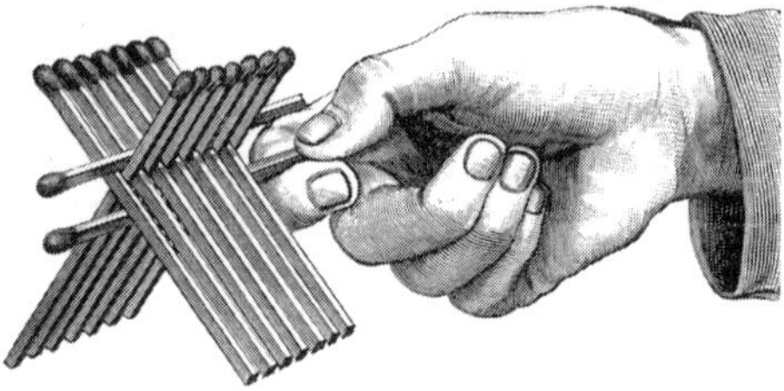

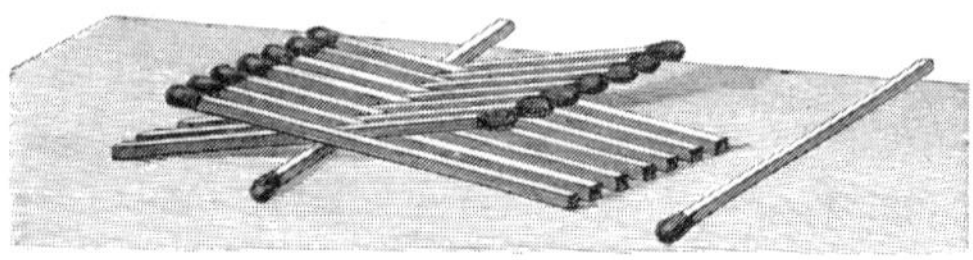

Recht einfach und doch effektvoll ist auch dieses Kunststück. Wir legen ein Streichholz platt auf den Tisch, und quer darüber eine beliebige Anzahl Hölzchen, und zwar so, daß die Köpfe in die Höhe ragen, während die entgegengesetzten Enden sich auf die Tischplatte stützen; dabei verfolgen wir die Anordnung, daß bei beiderseitiger gleicher Zahl der Hölzer die Köpfe abwechselnd in entgegengesetzter Richtung zu liegen kommen. Nun fragen wir auch hier unsere Zuschauer, ob sie imstande seien, alle Hölzchen – indem wir erlauben, noch ein weiteres Zündholz zu Hilfe zu nehmen – in dieser Anordnung in die Höhe zu heben. Man wird dies von keiner Seite als sehr schwierig betrachten, und das Experiment in der verschiedensten Weise versuchen, doch umsonst, wer den Kniff nicht kennt, wird die Aufgabe nicht lösen, die Hölzchen werden vielmehr bei jeder Berührung alsbald bunt durcheinander fallen. Wir aber plazieren parallel zum untersten Streichholz, wie die Abbildung zeigt, auch ein solches oben quer über. Ergreifen wir nun das unterste (erste) Zündholz, so können wir mit diesem alle übrigen in der erwünschten Weise emporheben, wonach es dann die unglücklichen Versucher weidlich ärgern wird, die überaus einfache Lösung nicht selbst ausgeklügelt zu haben.

Haben wir dieses Kunststück mit zwölf Zündhölzchen ausgeführt, können wir auch hier einen hübschen Scherz folgen lassen. Wir behaupten, daß wir mit ihrer Hilfe Wein in Tinte zu verwandeln vermögen. Man wird staunen, ungläubig lächeln und es vielleicht auf eine Wette ankommen lassen, die wir natürlich gewinnen, denn hurtig legen wir die zwölf Zündhölzer wie folgt auf den Tisch:

WEIN

Dem wettenden Partner wird bereits etwas schwül geworden sein, denn er dürfte schon erraten haben, daß wir die Umwandlung in Tinte wie folgt zustande bringen:

TINTE

Der Bleistift als Akrobat

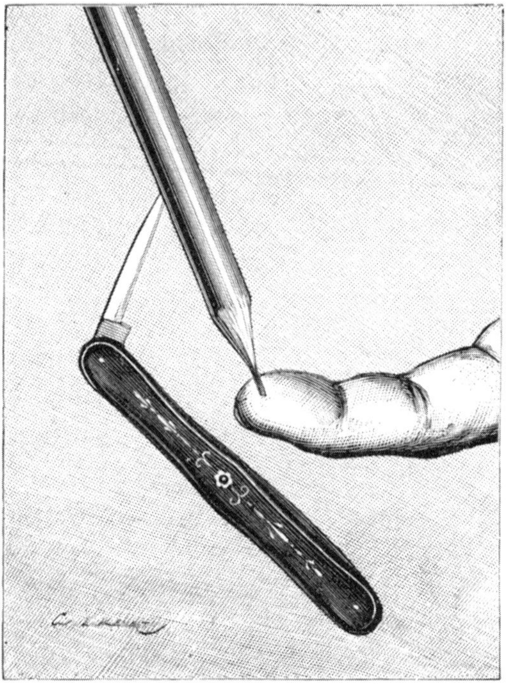

Nehmen wir einen beliebigen, aber nicht schon allzu kurz geschnittenen Bleistift, gleichviel ob von runder oder eckiger Form, und führen unweit der Spitze die Klinge eines Federmessers ein, neigen dann allmählich den Griff des letzteren der Bleistiftspitze zu, bis der Stift, auf unserem Zeigefinger ruhend, in der Balance bleibt, so ist das Gleichgewicht gefunden. Dieses letztere tritt ein, sobald der Schwerpunkt des Federmessers und Bleistifts sich unter dem Stützpunkt, also unter dem Finger befindet. Die mehr oder weniger geneigte Stellung des Bleistifts hängt ab von dem engeren oder weiteren Winkel, in welchem der Messergriff zu der Klinge steht; senkrecht ist der Stift, wenn der Schwerpunkt des Messers mit der verlängerten Achse des Stiftes zusammenfällt. Wer sehr empfindliche Finger hat, sorge dafür, daß der Bleistift nicht allzu spitz sei, denn durch das Gewicht des Messers belastet drückt die Spitze ziemlich stark auf die Haut des Fingers, oder aber man lege ein kleines Leder- oder Tuchfleckchen unter.

Der Versuch läßt sich übrigens in Ermanglung eines Bleistifts in ganz derselben Weise auch mit einem Streichholz ausführen, ja er gewinnt bei der Kleinheit und Unscheinbarkeit des Hölzchens noch an Reiz. Mehr noch: wir können auf die Spitze des einen balancierenden Zündholzes noch ein zweites stellen, wobei wir freilich besser ein etwas kleineres Messer als das erste verwenden. Die Spielerei läßt sich bei einigem Geschick sogar so weit treiben, daß wir auf das zweite balancierende Holz auch noch ein drittes Zündhölzchen mit Messer stellen, womit wir einen förmlichen Turmbau, der an Kühnheit der Ausführung nichts zu wünschen übrig läßt, zustande gebracht haben. Zu beachten bei diesen Versuchen wäre nur, daß die Messerklingen bei zu großer Neigung nicht von ungefähr zuschnappen und dem Finger eine ebenso unangenehme, als unerwünschte Beschädigung zufügen. Besser und sicherer ist es jedenfalls, man errichtet den Bau auf dem Kork einer zugestöpselten Flasche.

Blondin II.*

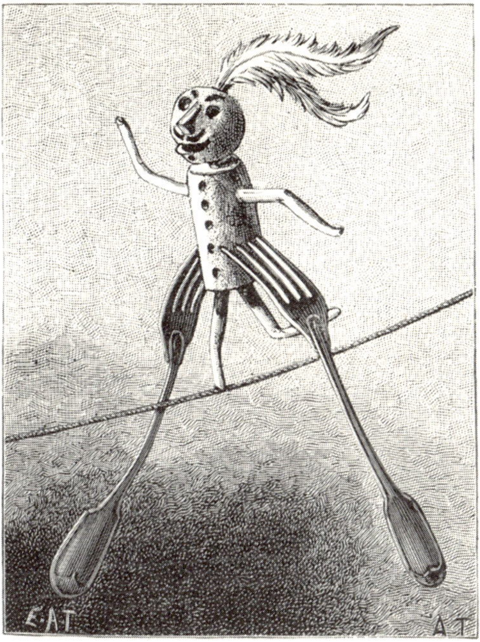

Unser Seiltänzer, mit dem unternehmenden Gesicht und der kühn geschwungenen Barettfeder, kann sich gewiß sehen lassen. Zu seiner Verfertigung benötigen wir zwei Korkstöpsel und vier Zündhölzer, oder aber, wir nehmen vier entsprechend gekrümmte Hölzchen aus einem Reisigbündel. Diese letzteren bohren wir in passender

Weise in einen Kork ein, der den mehr oder weniger schlanken Leib des Männchens darstellt; die solchermaßen entstandenen Arme und Beine lassen sich nach allen Richtungen drehen, so daß unser Äquilibrist alle erdenklichen Gliederverrenkungen auszuführen vermag. Den Kopf formen wir aus einem rundlichen Korkstück, die Nase aus einem Korkschnitzel, das wir an entsprechender Stelle des Gesichtsfeldes in eine senkrecht geschnittene Furche einführen. Nun setzen wir den Kopf unter Zuhilfenahme eines an den beiden Enden zugespitzten Holzstückchens auf den Rumpf. Der so geschaffene Hals wird sich gleichfalls durch außerordentliche Beweglichkeit auszeichnen. Augen und Mund werden mit dem Federmesser ausgehoben, oder mit dem Ende einer rotglühenden Stricknadel eingebrannt. Dabei werden wir uns in acht nehmen, daß sich unsere Fingerspitzen nicht zu sehr von dem guten Wärmeleitungsvermögen der Metalle überzeugen müssen. – Wenn wir nunmehr unser Männchen in einen richtigen Äquilibristen verwandeln wollen, bohren wir ihm, so wie es die Abbildung veranschaulicht, grausamerweise auch noch zwei Gabeln in den Leib. Es kommt dann der Schwerpunkt der solchermaßen hergestellten Verbindung so tief zu liegen, daß sich unser Seiltänzer in eleganter Weise auf einem Fuß im Gleichgewicht halten wird. Wir können den Künstler auch auf unsern Finger, oder sogar auf den Kopf einer Stecknadel stellen, die wir irgendwie passend befestigt haben. Er wird sich aber auch auf einem aus zwei Zündhölzchen und einem Stückchen Zwirn hergestellten Trapeze ebenso sicher halten, und wenn wir schließlich den einen Fuß etwas ausschneiden (in Form eines A), so können wir ihn sogar auf einem etwas geneigt gespannten Bindfaden quer durch unser ganzes Zimmer tänzeln lassen.

* Jean François Gravelet-Blondin (28.2.1824–19.2.1897), berühmter französischer Seiltänzer. (Anm. des Hrsg.)

Der Dominoturm

Da die Schwere auf jedes einzelne Teilchen eines Körpers wirkt, und zwar so, daß die nach dem Erdmittelpunkt konvergierenden Richtungslinien der Anziehungskraft als parallel gelten können, so ergibt sich, daß die Unterstützung des Mittelpunktes dieser Kraft, also des Schwerpunktes, jede drehende oder fortschreitende Bewegung des Körpers durch die Schwere ausschließt; es wird dann vielmehr gegen diese Unterstützung ein der Masse proportionaler Druck ausgeübt. Spiele und Experimente, die uns die Lehre vom Gleichgewicht paralleler Kräfte zur

Anschauung bringen, also auf der Ausnützung des Schwerpunktes beruhen, gibt es unzählige. Greifen wir zur Abwechslung zu unserem Dominospiel, und stellen wir uns die Aufgabe, sämtliche Steine des Spieles auf einen einzigen Stein zu stellen. Zu diesem Zweck richten wir einen Stein der Längsseite nach senkrecht auf und legen einen horizontal darüber. Es folgen dann zwei, drei und vier nebeneinander waagerecht gelegte Steine, und so weiter, wie dies aus der Abbildung ersichtlich ist. Wir werden den hübschen Bau aber wahrscheinlich erst nach wiederholten kleinen Unglücksfällen zustande bringen, leicht jedoch wird es uns, wenn wir anfangs drei Steine senkrecht als Fundament aufstellen, die beiden seitlichen Stützen aber dann, wenn das Gebäude zur vollen Höhe gediehen ist, vorsichtig wegziehen, und diese beiden Steine endlich vorsichtig auch noch ganz oben auftürmen.

Bei einigem Formensinn wird es dem versuchslustigen Leser unschwer werden, dem Turm auch andere hübsche Gestaltungen zu geben, denn es ist durchaus nicht gesagt, daß der in unserem Bild dargestellte Bau genau nachgebildet werden muß. Die reiche Zahl der Steine eines Spieles, die Kongruenz derselben, dann ihre gewöhnlich sehr exakte Flächenbearbeitung, gewähren der kühnsten Unternehmungslust den weitesten Spielraum. Natürlich darf nicht ein neckischer Kobold in der Nähe sein, der unsere baulichen Bestrebungen mit einem Schlage zunichte macht.

Bauen mit Dominosteinen

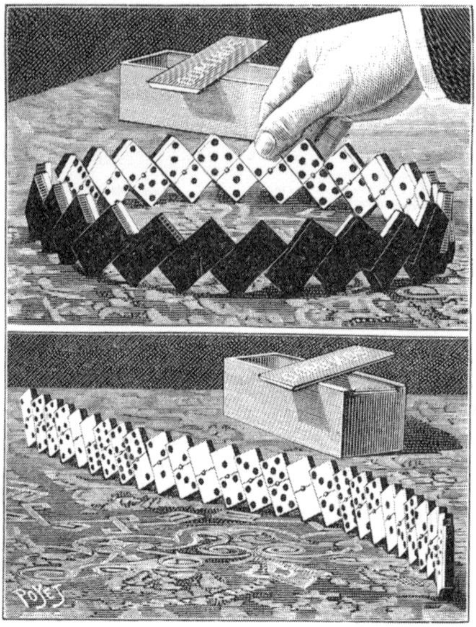

Frage: Wer kann sämtliche Steine eines Dominospieles so aneinanderreihen, wie in unserem Bild dargestellt? – Ringsum Heiterkeit. – Nun, das Experiment ist nicht so leicht, als es den Anschein hat. Es wiederholt sich auch hier die Geschichte vom Ei des Kolumbus: Wer erst hinter den Kniff gekommen, dem wird es ohne weiteres gelingen, dem andern aber werden die Steine den Gehorsam versagen, d.h. sie werden sich bei halbgelungenem Versuch plötzlich und unversehens wieder platt auf den Tisch legen. Die Aufgabe kann, wie ersichtlich, auf zweierlei Arten erfolgen, insofern als wir die Steine 1. entweder kreisförmig oder 2. in gerader Linie geneigt nebeneinanderstellen. Auf erstere Art legen wir zunächst den Stein, der die Reihe beginnen soll, mit der langen Schmalseite auf den Tisch und lehnen einen zweiten Stein auf seine Kante. Alle übrigen Steine reihen wir auf gleiche Weise an, und zwar so, daß die obere Schmalseite des nächstfolgenden Steines die Fortsetzung der Mittellinie des vorhergehenden Steines bildet. Nach und nach gestalten wir die Linie kreisförmig, es wird sich dann eine Figur ergeben, die mit der in Fig. 1 abgebildeten identisch ist. Der einzige schwierige Moment tritt dann ein, wenn der letzte Stein eingereiht werden soll. Um dies zu ermöglichen, halten wir mit der einen Hand die Steinreihe an der Seite, bei der wir angefangen haben, und setzen den Stein ein, wobei vorausgesetzt werden muß, daß von vornherein genügender Raum dafür vorgesehen ist. – Die Aufstellung der Steine in nicht geschlossener Reihe ist auch nicht schwieriger als die kreisförmige. Nachdem wir den ersten Stein in sehr steiler Richtung an das Spielkästchen gelehnt haben, bemühen wir uns, alle übrigen Steine mit derselben Neigung an den unmittelbar vorhergehenden anzusetzen. Eine Schwierigkeit tritt hier erst auf, wenn es sich darum handelt, das Spielkästchen zu entfernen. Hierzu bedarf es beider Hände: die eine, linke Hand drängt die Steinreihe sanft nach der

Mitte hin zurück, gerade so, als ob sie die Steine aufrichten wollte; die andere, rechte Hand leistet diesem Druck schwachen Widerstand, um diesem Aufrichten vorzubeugen. Nach einigem Balancieren wird das Gleichgewicht hergestellt sein; ziehen wir die Hände zurück, so werden die Steine ganz nach unserem Wunsch in ihrer Stellung verharren.

Der Pfennig auf der Nähnadel

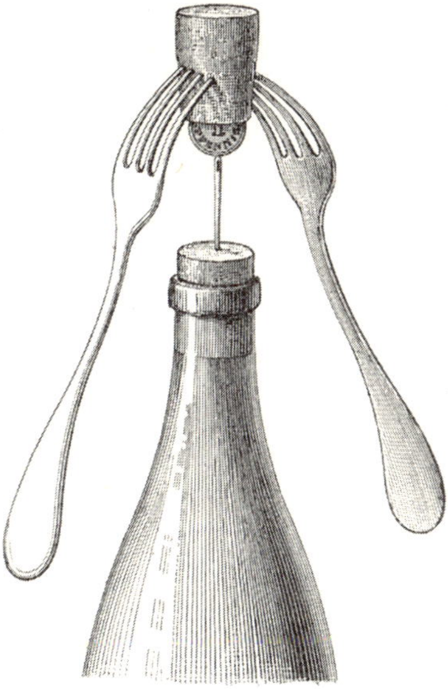

Hat schon einmal einer der verehrten Leser einen Pfennig auf einer Nähnadel tanzen sehen? Nicht? Nun, das wollen wir fix zustande bringen, und zwar soll er auf dem Rand und nicht auf seiner Breitfläche tanzen, was gewiß besonders schwer ist. Vielleicht haben die Herrschaften alle auch schon vom labilen und stabilen Gleichgewicht gehört; beim stabilen nämlich ist das Balancieren sehr leicht, macht sich ganz von selbst, beim labilen dagegen ist es auf die Dauer fast unmöglich. Nun fragen Sie vielleicht: was ist labil und was stabil? Das läßt sich ganz leicht erklären. Wenn ein Körper so auf einer Spitze balanciert, daß sein Schwerpunkt genau über dem Unterstützungspunkt liegt, so sagt man, er befinde sich im labilen Gleichgewicht; liegt aber der Schwerpunkt vertikal unter dem Stützpunkt, so nennt man das Gleichgewicht stabil. Der Schwerpunkt eines Pfennigs ist offenbar sein Mittelpunkt; stellen wir aber den Pfennig mit seinem Rand auf das eine Ende einer vertikal gehaltenen Nähnadel, so liegt natürlich der Schwerpunkt über dem Unterstützungspunkte, d. h. das Gleichgewicht ist labil, und der Pfennig kippt alsbald um. Was da zu tun ist, liegt auf der Hand: Wir müssen stabiles Gleichgewicht herstellen, wir müssen also den Schwerpunkt vertikal herabrücken. Aber wie machen wir das? Einfach, indem wir die Masse des balancierenden Körpers in seitlich-symmetrischer Weise, wie wir das bei dem kühnen Seiltänzer Seite 25 schon unternommen haben, nach unten zu vermehren. Wir kerben einen Kork mit einem Messerschnitt der Länge nach etwa einen Zentimeter tief ein, klemmen hierein den Pfennig und stechen nun seitlich zwei gleich schwere Gabeln schräg in den Kork. Pfennig, Kork und Gabeln bilden dann zusammen eine Masse, deren überwiegend schwerster Teil die Gabeln sind. Folglich wird auch der Schwerpunkt des gesamten Körpers genau zwischen den Schwerpunkten der beiden Gabeln liegen, d. h. viel tiefer als vorher. Versuchen wir jetzt, den Pfennig mit dem Rand auf die Nähnadel zu stellen, wobei wir letztere etwa in den Kork einer verstöpselten Flasche einstechen, so wird das Experiment gar bald gelingen.

Das Teller-Karussell

Wenn wir die verehrte Hausfrau um einen Teller bitten und dazu sagen, wir werden versuchen, ihn auf einer Nähnadel balancieren zu lassen, so ist zehn gegen eins zu wetten, daß sie um ihres lieben Tellers willen der Bitte nicht willfahrt. Hat sie aber gelegentlich schon bemerkt, daß wir manchmal schon ein fast unmöglich scheinendes Kunststück zuwege gebracht haben, ohne daß die zerbrechlichen Hilfsmittel, die wir dabei zur Anwendung gelangen ließen, zu Schaden gekommen sind, so bekommen wir den Teller vielleicht doch und mit süß-saurer Miene die gefährliche Nähnadel obendrein. Aber wir brauchen zu unserem Versuch auch noch eine verstöpselte Flasche, zwei Korken und vier gleichartige Speisegabeln. Auch diese Gegenstände werden sich beschaffen lassen, und alsdann kann es endlich losgehen. Zunächst teilen wir jeden Korken der Länge nach so, daß wir vier Halbzylinder erhalten. Zu diesem Schnitt muß das Messer sehr scharf sein, denn sonst wird die Schnittfläche recht rauh werden. Ist das letztere unvermeidlich, dann helfen wir mit einer Feile hübsch säuberlich nach. In die Korken stechen wir dann die vier Gabeln an den Enden der Schnittflächen ein, und zwar so, daß sie zu den letzteren nicht ganz rechtwinklig zu stehen kommen; die Abbildung zeigt die ungefähre Neigung nach innen ganz deutlich. Es ist selbstverständlich, daß dies bei allen vier Gabeln recht gleichmäßig der Fall zu sein hat. Ist unsere Vorbereitung so weit gediehen, dann belasten wir den Teller an vier um je 90 Grad voneinander entfernten Stellen des Randes mit den vier Gabeln und heben endlich den Teller auf das stumpfe Ende einer Nähnadel, die wir mit dem spitzen Ende in den Korken der verstöpselten Flasche senkrecht eingestochen haben. Nach einigem Suchen werden wir den richtigen Unterstützungspunkt finden, in dem das Ganze zum Gleichgewicht kommt, ja wir können schließlich bei Anwendung von Vorsicht – etwa durch Blasen, oder durch leichtes Antippen mit dem Bart einer Feder – den Teller in Bewegung setzen, d. h. karussellartig sich drehen lassen, anfangs langsam, dann immer schneller, bis – die verehrte Hausfrau am Ende doch recht behält.

Das tanzlustige Weinglas

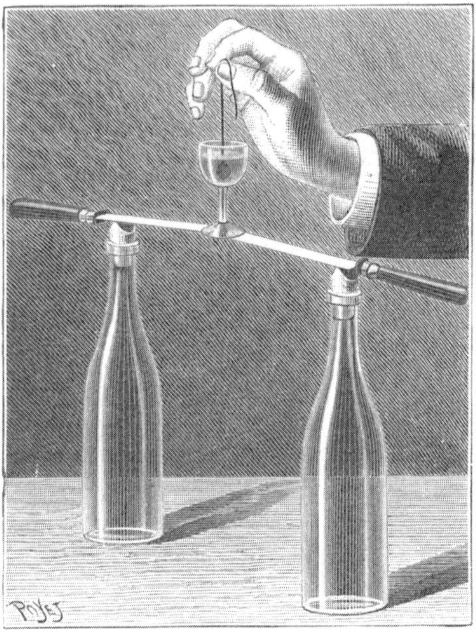

Wir verschaffen uns zwei gleich große leere Bier- oder Weinflaschen und verschließen dieselben mit den üblichen gewöhnlichen Korkstücken, und zwar so, daß die letzteren genau gleich hoch aus den Flaschenhälsen emporragen. Zuvor aber haben wir die Korken oben keilförmig zugeschnitten. Zu unserem Experiment bedürfen wir ferner zweier Messer mit einigermaßen schweren Handgriffen, die wir mit nach innen gekehrter Schneide so auf die Kante der Korken legen, daß sich deren Spitzen berühren. Auf diesen Berührungspunkt stellen wir nunmehr ein dünnwandiges Kelchglas, in welches wir in solcher Höhe Wasser oder irgendeine andere Flüssigkeit gießen, daß das Glas nach einigen Versuchen mit den schweren Messerheften ins Gleichgewicht gebracht und hierdurch in der Schwebe erhalten wird.

Dies die Vorbereitungen, nun aber zu der Ausführung und dem eigentlichen Effekt unseres Experiments: Tauchen wir nämlich eine kleine, an einem Faden hängende Metallkugel, eine Münze oder einen Knopf in die Flüssigkeit, so senkt sich das auf den Messerspitzen ruhende Glas, nimmt aber die frühere Stellung wieder ein, sobald wir die Kugel oder Münze aus dem Glas herausheben. Der Vorgang läßt sich selbstverständlich ganz nach Belieben wiederholen und sieht recht gefällig aus.

Wir können dem Experiment aber noch einen besonderen Reiz verleihen, wenn wir die Tochter des Hauses an das Klavier bitten, uns ein Tänzchen von nicht allzu raschem Tempo aufzuspielen. Wir vermögen alsdann durch das Heben und Senken, das Eintauchen und Herausheben des hängenden Metallknopfes unschwer das Glas nach dem Takt der Musik mitschwingen zu lassen, was unserem Zuschauerpublikum einen ebenso überraschenden als reizvollen Anblick darbieten dürfte.

Äquilibristische Küchengeräte

Wir begeben uns in die Küche und bitten die Beherrscherin derselben, uns bei Ausführung eines physikalischen Experiments durch freundliche leihweise Überlassung einiger Küchenutensilien unterstützen zu wollen. Sie wird uns ungläubig anlächeln, ihr Erstaunen, vielleicht auch eine Einwendung zu äußern suchen, das alles aber lenken wir mit freundlicher und gewichtiger Miene in diejenigen Bahnen, die uns die Erfüllung unseres Wunsches sichern werden. Haben wir die Erlaubnis endlich erhalten, wählen wir unter den vorhandenen Küchenherrlichkeiten eine Karaffe, die wir bis an den Hals mit Wasser füllen, ferner einen Teller, einen Schaum- und einen Schöpflöffel. So ausgerüstet finden wir uns an unserem Experimentiertisch wieder ein, hängen den Schaumlöffel mit seinem Haken an den Rand des Tellers und klemmen ihn mit Hilfe einer dazwischen geschobenen Korkscheibe an diesem fest. Nun nehmen wir beide so verbundenen Gegenstände in die eine Hand und legen den Teller mit seinem Rand auf den Rand der Wasserflasche. Dann hängen wir mit der andern Hand den Schöpflöffel an den Schaumlöffel und suchen durch Ausprobieren die richtige Zusammenstellung zu erreichen, bei der alles im stabilen Gleichgewicht schwebt. Die Anerkennung für diese Überraschung wird im Auditorium nicht ausbleiben, und endlich rufen wir – wenn's erlaubt ist – auch die Küchenbeherrscherin herbei, daß sie sehe und staune und erfahre, wie sich mit ihren Kücheninstrumenten auch noch ganz andere Dinge zustande bringen lassen, als gelegentlicher Lendenbraten mit Rahmsauce, oder Spinat mit Spiegelei.

Auch dieser Versuch in seiner Einfachheit beweist, daß man mit stets zur Hand liegenden Mitteln die erstaunlichsten Gleichgewichtsspielereien zuwege bringen kann, man braucht nur etwas erfinderisch zu sein. So waren wir eines Tages zu einem kleinen Familienfestessen geladen, ein junger Mann wollte den Früchteaufsatz seinem Nachbar zuschieben, eine ungeschickte Bewegung, der Aufsatz lag in Scherben und die Früchte rollten auf dem Tisch umher. Groß war die Verlegenheit des Jünglings, allgemein das Beileid. Doch der Herr des

Hauses machte gute Miene zum bösen Spiel, er fertigte binnen einer Minute Ersatz. Er nahm einfach seinen Serviettenring und drei Gabeln, die er innerhalb des ersteren gleichweit voneinander abstehend so verschränkte, daß die Handhaben auf dem Tisch auflagen, die Zinken aber emporragten. So hatte er ein festes Gestell für einen Teller geschaffen, auf dem alsdann die Früchte wieder Platz fanden.

Die lebendige Pappschachtel

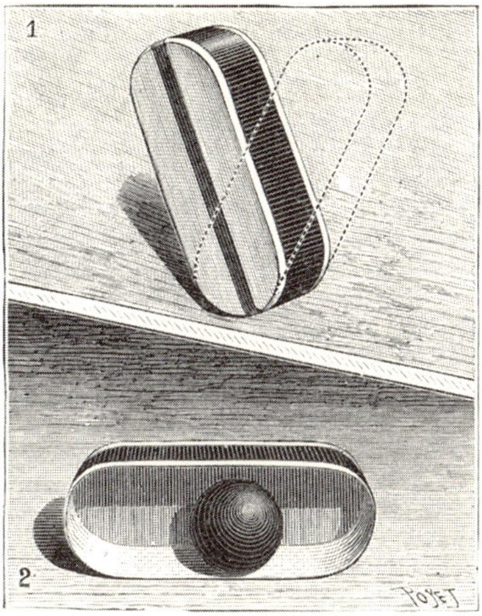

Dieses Spielzeug, das oftmals in den Spielwarenbuden auf Messen und Märkten anzutreffen ist, führt nach einer fälschlich vorgenommenen Taufe des Fabrikanten, die hochtrabende Bezeichnung: Perpetuum mobile. Der Leser weiß, daß dieses letztere eine problematische Maschine bedeutet, welche die Fähigkeit besitzen soll, ohne Zuführung von äußerer Kraft in Ewigkeit fortzuarbeiten. Es gab eine Menge Leute und gibt sie noch, welche sich mit der Herstellung eines solchen Maschinchens abgemüht haben und noch abmühen, ohne daß sie ihnen gelungen wäre oder je gelingen wird, denn sie alle lassen sich von der irrigen Voraussetzung leiten, es könne irgendein Maschinenteil eine Arbeit verrichten, ohne dabei von seiner Energie einzubüßen. Daß dies einfach eine Unmöglichkeit ist, wurde längst nachgewiesen. Unser sogenanntes Perpetuum mobile nun besteht aus einer länglichen kleinen Pappschachtel, etwa 4 cm lang, 2 cm breit, 1½ cm hoch, und einer aus Pappe gefertigten Tablette. In der Regel sieht die Schachtel außen nicht so einfach aus wie in unserer Abbildung, sondern ist mit Clownbildern bemalt, wie auch die Tablette gewöhnlich die Abbildung einer Zirkusvorstellung darbietet. Dieses Spielzeug läßt sich nach den oben angegebenen Maßen und nach unserer figürlichen Darstellung bei einiger buchbinderischen Fertigkeit unschwer selbst anfertigen. Unser Schächtelchen ist nun in seiner Äußerlichkeit recht unscheinbar, aber was es zu leisten vermag, ist höchst merkwürdig. Im Innern desselben befindet sich nämlich eine Bleikugel, welche durch ihre Beweglichkeit, die durch die Form der Pappschachtel noch besonders begünstigt wird, jene merkwürdigen Erscheinungen hervorruft. Legt man das Schächtelchen am einen Ende der Tablette auf seine Breitseite und hebt dieses Ende etwas, so läuft die Schachtel wie ein lebendes Wesen eilends und sich dabei geheimnisvoll überschlagend nach dem anderen Ende hin. Dort bleibt sie an dem aufgebogenen

Rand in irgendeiner wunderbaren Stellung stehen, oft noch wie erregt zuckend und erzitternd. Der Eindruck des Ganzen ist wirklich überraschend und die ganze Herrlichkeit kostet bei Selbstherstellung fast nichts, in den Jahrmarktsbuden gewöhnlich – nur zehn Pfennige.

»Wollen – will man, aber können – kann man nicht!«

Ein ergötzliches Experiment, das, so oft wir es in Gesellschaft zum besten gegeben haben, namentlich bei den beleibteren und älteren Herren und Damen stets einen Heiterkeitsausbruch zur Folge hatte! Wer den Versuch nachahmen will, der stelle sich mit seiner ganzen Willenskraft bewaffnet etwa ½ m von der Wand des Zimmers entfernt auf und stütze dann den Körper durch den an die Wand gelehnten Kopf unter Zuhilfenahme eines Stuhles, sei der letztere nun mit oder ohne Lehne. Dann hebe er den Stuhl so, daß dieser den Boden nicht mehr berührt, und versuche nun sich selber in die Höhe zu richten, ohne daß dabei die Stuhlbeine auf den Boden zu stehen kommen. Das wird er mit dem besten Willen nicht fertig bringen, denn der Schwerpunkt des ganzen Körpers ist bei der bezeichneten Stellung, d. h. also wenn der Stuhl den Boden nicht berührt, bis in die Körperteile des Kreuzes und der Schulterblätter vorgerückt, und der größte Teil des Körpergewichtes ruht auf dem Kopf, wie der versuchslustige Leser bei diesem Experiment alsbald sattsam verspüren wird. Wer aber an sein Unvermögen nicht glauben will, und vielleicht meint, er könne sich durch eine kräftige, stoßartige Bewegung, der Schwerkraft zum Trotz, ohne Stuhl aufrichten, dem wird auch das nicht gelingen – aber er kann sich eine artige Beule holen, und davor möchten wir allenthalben gewarnt haben. Bei dieser Gelegenheit mag übrigens auch noch an einen anderen Scherz erinnert werden. Wir stützen einen Besenstiel in schiefer Stellung unter etwa 45 Grad gegen den Winkel zwischen Fußboden und Wand, lassen den Stock von dem Versuchslustigen mit beiden Händen ergreifen, so daß die Person den Besenstiel an seiner rechten oder linken Seite hat. Nun stellen wir ihr die Aufgabe, unter jenem Teil des Stockes, der von den

Händen abwärts liegt – ohne die Stellung der letzteren zu verändern – hindurchzukriechen. Der Nichteingeweihte wird sich weidlich quälen, und in die Gefahr kommen, das Gleichgewicht zu verlieren. Der Kenner aber wird den Stock als Stütze benützen, die Beine nach vorn schieben, und mit dem Rücken gegen die Wand in der liegenden Kniebeuge ganz leicht unten durchkommen.

Wo ist der Schwerpunkt?

Von manchen ebenen Figuren kennt man die Lage des Schwerpunktes ganz genau, von anderen kann man sie durch Rechnung bestimmen, aber von sehr vielen, besonders von unregelmäßig gestalteten Figuren vermag man sie nicht anzugeben. Man denke sich z. B. aus einer Karte von Europa vorsichtig und genau Deutschland längs seiner Grenzen herausgeschnitten. Wo liegt der Schwerpunkt der so entstandenen Kartonfläche? Welche Stadt kann sich rühmen, der Schwerpunkt von Deutschland zu sein? Experimentell läßt sich die Frage sehr gut beantworten und ergibt – doch wir wollen nicht vorgreifen, vielmehr beschreiben, wie man den gesuchten Schwerpunkt findet. Wir werden am besten zunächst einen einfacheren Fall betrachten. Wir zeichnen mit einem Bleistift, dessen Spitze wir zuvor in Wasser tauchen, ein Parallelogramm auf ein Blatt Papier, zeichnen auch die Diagonale ein und setzen endlich mit Hilfe der Finger die ganze Parallelogrammfläche, aber nur diese, nicht das ganze Blatt Papier, bis zu ihrem Umfang unter Wasser, was sich durch allmähliches Auftröpfeln leicht bewerkstelligen läßt. Das Blatt Papier lassen wir nun auf dem Wasser schwimmen (siehe die Abbildung) und tauchen die Spitze einer Stecknadel irgendwo in das aus Wasser bestehende Parallelogramm, jedoch nicht so tief, daß sie bis zu dem Papier herablangt. Sofort wird sich das schwimmende Papier so bewegen, daß der Diagonalenschnittpunkt unter die Stecknadel zu liegen kommt, und wenn wir die Nadel fortbewegen, wird das Papier nachfolgen. Die Nadelspitze wird nämlich von der Adhäsionskraft des Wassers nach verschiedenen Seiten verschieden stark angezogen, und jene Kräfte halten sich nur dann das Gleichgewicht, wenn das Wasser um die Nadel herum möglichst gleichmäßig verteilt ist; der einzige Punkt von solcher Beschaffenheit ist aber der Schwerpunkt, beim Parallelogramm der Diagonalenschnittpunkt, also bleibt die Nadelspitze über dem Schwerpunkte stehen. Zeichnen wir nun, um die eingangs angeregte Frage zu beantworten, statt des Parallelogramms die Umrisse Deutschlands auf das Papier und setzen wir dann die Fläche der Zeichnung in oben angedeuteter Weise unter Wasser, so finden wir solcherweise unschwer auch den Schwerpunkt von Deutschland.

Die gehorsamen Münzen

Wir nehmen etwa ein Dutzend Münzen, setzen dieselben auf den Boden eines Tellers und fragen:

»Wer von den Herrschaften ist imstande, die Münzen in genau derselben Ordnung, ohne sie mit der Hand zu berühren, auf den Tisch zu stellen?«

Allgemeines Schütteln des Kopfes!

»Da ist wieder irgend so ein Kniff dabei, ein Kolumbusei, oder wie Sie das nennen«, läßt eine Stimme sich zögernd vernehmen.

»Allerdings, Verehrtester! Die richtige Ausführung und das Gelingen des Experiments schließt auch hier so etwas in sich, aber Sie wissen, daß wir uns nicht mit Taschenspielerkunststückchen abgeben, vielmehr darauf bedacht sind, die Wirkungen irgendeines physikalischen Gesetzes auf einfache aber lehrreiche Weise darzutun; es handelt sich hier also nicht um eine Hexerei, vielmehr darum, experimentell die Äußerungen des Beharrungsvermögens der Materie zu veranschaulichen.«

Unsere Ermunterung veranlaßt nacheinander die Mehrzahl der Glieder der Gesellschaft zu allerlei Versuchen, die indessen alle mißlingen.

Allgemeine Heiterkeit!

Wir aber heben den Teller ungefähr 30 cm über den Tisch empor, senken ihn dann lebhaft etwa 20 cm und ziehen ihn dann schnell an uns; die Geldstücke, denen durch dieses rasch ausgeführte Manöver der Stützpunkt entzogen wurde, fallen auf den Tisch, und behalten dabei richtig ihre Stellung.

Einige Versuche werden jeden unserer Leser in den Stand setzen, dieses Experiment sicher und elegant auszuführen, es kommt dabei nur auf ein klein wenig Fixigkeit an.

Und die Münze verharrt doch!

Die Ursache, die einen Körper zur Änderung seines Beharrungszustandes veranlassen kann, nennen wir Kraft. Sie ist eine bewegende, wenn sie einem ruhenden Körper zur Bewegung Anstoß gibt; wir nennen sie Widerstand, wenn sie vorhandene Bewegungen hindert oder mäßigt. In nachfolgend geschildertem Experiment könnte man nun aber gar schalkhafterweise fast beweisen, daß ein Körper trotz der Einwirkung überlegener bewegender Kraft dennoch verharren kann – freilich müssen wir bezüglich solcher Behauptung bei näherem Zusehen die Segel alsobald streichen. Den hübschen Versuch werden wir uns darum aber nicht entgehen lassen, und zu diesem Zweck verschaffen wir uns ein Kartonblatt, etwa den Wandkalender vom abgelaufenen Jahr, der uns ja doch nichts mehr nützen kann. Mit dem Federmesser, das recht scharf sein soll, und mittels eines Lineals schneiden wir ein quadratisches Stückchen recht säuberlich davon ab, in einer Größe, daß die Seiten ungefähr 12 cm messen. Wir sind darauf bedacht, daß der Rand rund herum hübsch scharf ist, also keine Unebenheiten aufweist. Dieses Kartonblatt setzen wir auf den Zeigefinger der linken Hand, balancieren es hübsch aus und legen ein Markstück obenauf; jedes andere nicht zu kleine Geldstück leistet uns übrigens dieselben Dienste. Die Münze kommt so zu liegen, daß wir mit dem Zeigefinger recht wohl fühlen, daß sie mit ihrem Mittelpunkt satt aufsitzt. Nun knipsen wir die uns zugekehrte Kante des Kartonblattes mit dem Zeige- oder Mittelfinger der rechten Hand recht lebhaft an, der Karton wird sich infolge des einwirkenden Stoßes eilends davonmachen, die Münze aber, unbekümmert um ihren verlorenen Stützpunkt, auf der Spitze des Fingers liegen bleiben. Wir können zu diesem Versuch selbstverständlich auch andere passende und entsprechend schwere Gegenstände, ebenso andere Unterlagen verwenden, oder aber den Versuch sogar in großem Maßstab ausführen. Dem Erfindungsgeist ist hier ein weiter Spielraum gegeben. Es sind dies hübsche Seitenstücke zu dem zuvor beschriebenen Kunststückchen.

Stillgestanden!

Greifen wir noch einmal nach dem Dominospiel, um mit Hilfe einiger Steine einen Versuch zu unternehmen, der uns ebenfalls das Beharrungsvermögen veranschaulichen soll. Wir nehmen zunächst zwei Steine und stellen diese aufrecht, die beiden weißen Seiten sich zugewendet, darüber legen wir waagerecht einen dritten und vierten, die Augen nach oben, auf welche wir wieder zwei Steine vertikal und einen letzten oben quer überlegen, wie unsere

Abbildung dies veranschaulicht. Die Aufgabe besteht nun darin, den unteren horizontal liegenden Dominostein derart rasch auszustoßen, daß das Gerüste oder vielmehr das Gleichgewicht der Steine nicht gestört wird. Zu diesem Zweck legen wir in entsprechender Entfernung vor den Bau, in der Richtung AB, einen Stein und lassen unseren Zeigefinger so auf demselben ruhen, daß er sich stark auf das uns zugekehrte Ende stützt. Alsdann geben wir dem Stein, den Finger rasch und kräftig niederdrückend, die Bewegungsrichtung von D nach C. Gelingt uns dies mit richtiger Ausnützung des Raumverhältnisses, so wird der horizontal liegende unterste Stein durch die Kraft des Anstoßes getroffen und dadurch nach F getrieben, während die oberen Steine auf die beiden unteren, der Längsseite nach senkrecht stehenden niederfallen und, ohne in ihrer Anordnung eine Veränderung erfahren zu haben, noch immer dieselbe Figur bilden.

Der Leser mag übrigens versuchen, den Bau noch um einige Etagen höher aufzutürmen. Wird die Führung des Steines AC korrekt und die Belastung des auszustoßenden Steines entsprechend stärker ausgeführt, so wird man zu demselben Resultat gelangen. Freilich findet man überall, so auch hier, daß alles seine Grenzen hat.

Der widerspenstige Taler

Wir schneiden aus gewöhnlichem Schreibpapier einen schmalen Streifen und legen denselben, wie in der Abbildung gezeigt, in seinem kürzeren Längsteile auf einen glatten Tisch, während das entgegengesetzte Ende durch die linke Hand festgehalten wird. Stellen wir dann auf diesen Streifen einen Taler, und zwar auf den Rand, die Flächenseiten des Geldstücks parallel gesetzt zu den Längsseiten des Streifens und schlagen mit dem Zeigefinger der rechten Hand das Papier rasch unter der Münze hinweg, so sollte man glauben, daß die letztere für die Mitteilung der Papierbewegung sich empfänglich zeigt und tischeinwärts rollt. Dies ist jedoch nur bei lahm geführtem Schlag, also bei langsamem Abziehen des Papiers der Fall, wir aber haben einen raschen Schlag ausbedungen, und in diesem Fall wird die Münze auf ihrem Platz stehen bleiben.

Einen ganz ähnlichen Versuch ermöglicht uns das zuvor schon benützte Dominospiel, und – sehen wir uns um – vielleicht finden wir auch ein Damenbrettspiel vor. Wir bauen mit einer Anzahl Steine dieser Spiele, recht genau aufeinander gelegt, einen ziemlich hohen Turm. Wenn wir nun mit einem schmalen Brettchen, etwa mit dem Deckel eines Steinbehälters, einen scharfen Schlag geschickt gegen einen der untersten Steine führen, so wird dieser aus der Reihe herausfliegen, ohne daß der übrige Turmbau im mindesten eine Störung erfährt. Gelingt der Versuch nicht das erste Mal, dann wurde der Schlag nicht, wie nötig, in genau waagerechter Richtung geführt.

Gewiß lassen sich im Spielschrank der Kinderstube auch noch andere möglichst gleich große Gegenstände vorfinden, z.B. die Steine des Ankersteinbaukastens, mit welchen sich der Versuch ebenso ausführen läßt.

Fangspiel mit Würfeln

Unsere Abbildung veranschaulicht die Vorbereitungen für einen Versuch, dessen Ausführung wiederum sehr einfach ist, dem Nichteingeweihten aber dennoch kaum sofort gelingen dürfte, denn auch hier ist ein sogenannter Kniff im Spiel, der erst mitgeteilt oder ausgeklügelt sein will. Nehmen wir in die rechte Hand, wie das Bild uns zeigt, einen Lederbecher, wie man ihn zum Würfelspiel zu verwenden pflegt, und zwei Würfel. Es handelt sich nun darum, den oberen Würfel in die Luft zu werfen und mit dem Becher aufzufangen, was bei einiger Geschicklichkeit nicht schwierig ist. Ungleich schwerer ist jedoch, auch den zweiten von den Fingerspitzen festgehaltenen Würfel in derselben Weise eine Luftfahrt machen zu lassen und aufzufangen, in der Absicht, daß sich dann beide Würfel im Becher befinden sollen. Der erstangekommene wird nämlich dabei in die Höhe springen und fast immer herausfallen, so daß es nur selten gelingen dürfte, daß sich nach dem Fang des zweiten Würfels beide im Becher befinden. Um dieses letztere dennoch sicher zu bewerkstelligen, werfen wir den zweiten nicht in die Höhe, sondern machen, indem wir den zweiten Würfel mit den Fingerspitzen zugleich freigeben, mit Hand und Becher eine rasche entsprechende Bewegung in die Tiefe, wobei sich beide Würfel, des Ruhepunkts beraubt, in die Anfangsgeschwindigkeit ihres Falles begeben, also weniger rasch als die Hand sich abwärts bewegen, der erste Würfel im Raum des Bechers verbleibt, der zweite aber unschwer aufzufangen ist. Wie der verehrte Leser ersieht, ist die Lösung der Aufgabe sehr einfach und leicht, aber – wissen muß man, wie man die physikalischen Kraftäußerungen zu benützen hat, damit der angestrebte Effekt zustande kommt; und da sitzt im menschlichen Leben, um sinnbildlich zu sprechen, eben nur allzuoft der Haken. Daher immerhin gut, wenn man sich im kleinen übt, den Sinn für die Lösungen der großen Aufgaben, die uns allenthalben entgegentreten, zu schärfen.

Das im kreisenden Glas niedergehaltene Wasser

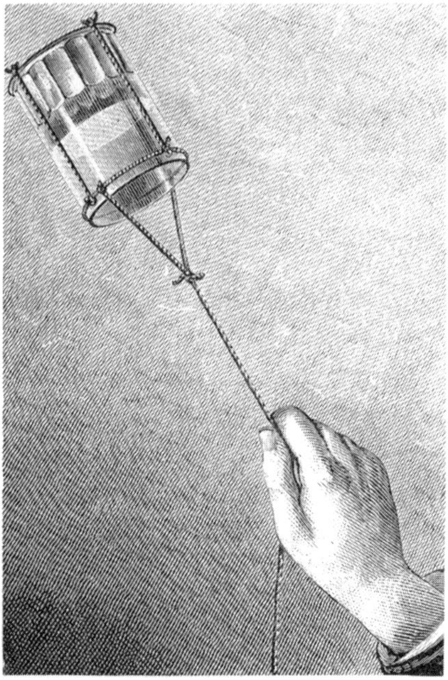

Die Zentrifugalkraft, von unseren Physikern auch Fliehkraft oder Schwungkraft genannt, ist die bei jeder Rotation, überhaupt bei jeder Zentralbewegung austretende Kraft, vermöge deren die rotierenden Teile das Bestreben haben, sich von der Rotationsachse zu entfernen. Bekanntlich gründeten Laplace und Kant ihre Ansicht über die Entstehung der Planetensysteme hauptsächlich auf eben diese Kraftäußerung. Da wo heute unsere Wandelsterne ihre Bahnen beschreiben, sollte eine glühende Gaskugel von unfaßbarer Größe und Temperaturhöhe vorhanden gewesen sein, die noch mit mäßiger Geschwindigkeit um ihre Achse rotierte; ihre Gasteilchen wurden fast gleichmäßig stark von der Schwerkraft nach ihrem Mittelpunkt hingezogen und dadurch zusammengehalten. Allmählich aber kühlte sich der Riesenball durch Ausstrahlung ab, die Rotation wurde eine immer raschere, das Bestreben der Gasteilchen, sich vom Mittelpunkt zu entfernen, eine stetig größere, endlich mußte eine Abtrennung erfolgen und so entstand der erste Planet.

Das nachfolgend geschilderte Experiment läßt uns diese Kraftäußerung im kleinen näher kennenlernen. Haben wir einen Reifen zur Hand, wie ihn die Kinder zum Reifschlagen benützen, legen unten auf die Innenseite desselben einen nicht zu großen Gegenstand, etwa einen Stein oder eine Kartoffel, versetzen dann den Reif mit ausgestrecktem Arm in gleichmäßige Schwingung rundum, so wird der Stein dieselbe mitmachen, gleichsam also an seiner Stelle haften bleiben. Noch überraschender ist das in unserem Bild veranschaulichte Experiment, wobei sich die Zentrifugalkraft insofern äußert, als hier das Wasser in seinem Bestreben, sich vom Mittelpunkt zu entfernen, auf dem Boden des Glases niedergehalten wird. Zur Ausführung dieses

Versuches stellen wir das Glas auf eine Pappscheibe und stricken es so mit Bindfaden ein, daß ein Herausfallen desselben beim Schwingen um einen bestimmten Mittelpunkt nicht leicht stattfinden kann. Die schwingende Bewegung, die wir dem gefüllten Glas mit der Hand bzw. mit dem Arm mitteilen, muß freilich mit einigem Geschick ausgeführt werden und von Anbeginn die nötige Geschwindigkeit erhalten.

Die Luftfahrt des Serviettenringes

»Glauben Sie, daß dieser Serviettenring, wie Sie sehen, von leichter Art, aus Papiermasse gefertigt, sich auf meinen Wunsch in die Luft erhebt, und dann elegant um den Hals einer dieser Flaschen legt?«

Unser Tischnachbar, an den wir die Frage gerichtet haben, sieht uns befremdlich an und schweigt.

»Ich glaube zu bemerken, daß Ihr Zutrauen in meine Kunstfertigkeit ein nur geringes ist?«

»O nein«, entgegnet der Nachbar endlich, der schon öfter Gelegenheit hatte, die Wahrnehmung zu machen, daß wir für die Ausführung physikalischer Spielereien besondere Vorliebe hegen, »o nein, ich bezweifle dies keineswegs, denn Ihnen ist alles zuzutrauen. Ich denke nur darüber nach, welche Hexerei dabei wieder zum Vorschein kommen soll.«

»Hexerei? Sie scherzen! Sie wissen, daß ich stets mit den einfachsten und natürlichsten Dingen der Welt zu Werke gehe, ja, daß ich mit meinen Hilfsmitteln nicht einmal sehr wählerisch bin; ich will Ihnen sagen, daß ich mich auch in diesem Fall einfach meines Zeigefingers bediene.«

»Dann wäre es vielleicht die Rotation, welches die Spazierfahrt des Ringes ermöglichen soll?«

»Allerdings, die Rotation, oder noch richtiger gesagt: die Zentrifugalkraft, in Verbindung mit der Reibung. Geben Sie acht!«

Der Serviettenring liegt vor uns platt auf der Tischdecke. Mit schneller kreisender Bewegung des Zeigefingers streifen wir seine Innenwand, folgsam wird der Ring mit dem Finger engere Fühlung suchen, sich in Rotation versetzen und endlich vom Tisch sich erheben. Immer höher führen wir ihn, bis er über dem Flaschenhals kreist, und nun halten wir mit der Bewegung des Zeigefingers plötzlich inne – er wird, des Anstoßes zur Rotation ledig, wie erwünscht, über den Flaschenhals niederfallen.

Tableau!

Kette als Kreisel

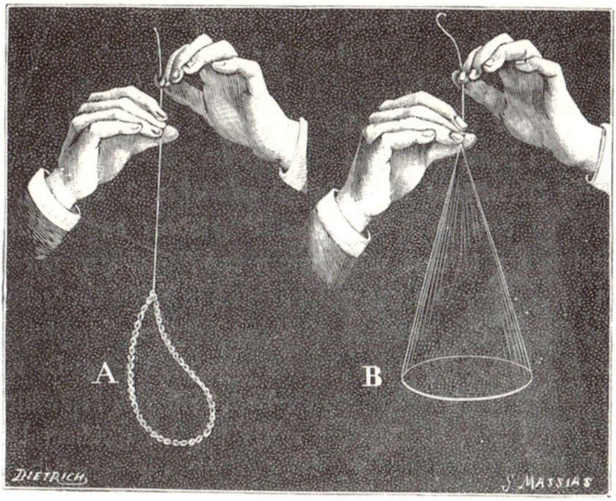

Nehmen wir einen flachen Teller, legen darauf einen ungefähr 15 cm hohen beliebigen, ebenfalls flachgebauten Gegenstand, etwa ein metallenes Salzfäßchen, ein Kompottellerchen oder dergl., erfassen dann den Teller mit beiden hohl gehaltenen Händen und werfen ihn unter drehender Bewegung in die Höhe, so wird er, ohne daß sich der darauf gelegte Gegenstand, also angenommen das Salzfäßchen, von der Stelle bewegt, in die ihn auffangenden Hände zurückkehren. Der Gegenstand wird aber zur Seite geschleudert sobald wir selbst oder irgendein neckischer Kobold die Drehachse des Tellers plötzlich ändern. Ist uns um die Existenz des zerbrechlichen Porzellantellers bange, kann der Versuch auch mit einer starken Pappscheibe und irgendeinem anderen vertrauenswürdigen Gegenstand ausgeführt werden.

Hübsch wird die Wirkung der Rotation auch durch den vorstehend bildlich dargestellten Versuch veranschaulicht. Wir nehmen eine etwa 40–50 cm lange Schnur – jeder gewöhnliche Bindfaden tut's –, dann ein 20–35 cm langes dünnes Metallkettchen, das in sich geschlossen ist, und knüpfen dieses an dem einen Ende des Bindfadens an. Erfassen wir nun den letzteren mit Daumen und Zeigefinger, wirbeln ihn gleichsam und versetzen ihn dadurch in rasche Umdrehung (Fig. A der Abbildung), so wird das Kettchen allmählich die Form eines horizontalen Kreises annehmen (Fig. B) und, solange die Rotation dauert, die Kreisform auch beibehalten.

Eine ähnliche Wirkung ergibt sich bei gleichem Vorgang durch einen an die Schnur gebundenen Federkiel, der dann in waagerechter Kreisbewegung sich ergeht. Ausnehmend hübsch aber ist die nachfolgend geschilderte Variante: Statt des oben erwähnten Metallkettchens befestigen wir an dem Bindfaden einen Knopf, und zwar so, daß er zur Senkrechten des hängenden Bindfadens etwas schief hängt, sich also mit seiner Fläche außerhalb des Schwerpunktes befindet. Wenn wir nun, wie oben gesagt, den Bindfaden mit den Fingerspitzen erfassen, und ebenso umherwirbeln, und zwar langsam, wird der Knopf in seiner schiefen Stellung rotieren; wirbeln wir aber kräftig, legt er sich in rotierender Bewegung sofort flach, d. h. er begibt sich in den Schwerpunkt. So einfach diese Erscheinung ist, hat sie in der Maschinenkonstruktion bereits ihre Ausnützung gefunden, und zu einschneidenden, dankenswerten Neuerungen geführt.

Die unzähligen Wassertropfen

Oft hört man in heiterer Gesellschaft, wenn eine Flasche Wein geleert wird, den Ausruf: »Kein Tropfen mehr darin!« und mit bedauernder Geste wird die Flasche in den Kühler zurückversenkt. Ist dies aber wirklich der Fall? Man versuche es einmal mit einer soeben geleerten Flasche – ob sich Wein oder Wasser darin befand, ist gleichgültig –, wir wetten zehn gegen eins, daß in der Flasche, trotzdem sie die Nagelprobe bestanden hat, sich doch noch mancher Tropfen befindet. Den Beweis? – es sei!

Man lege vor sich auf die Tischplatte einen Bogen weißes Fließpapier, leere vor den Augen der Anwesenden eine gefüllte Flasche, stülpe sie dann einigemal über das Papier, um zu beweisen, daß sich keine Flüssigkeit mehr in ihr befindet, und frage die Zuschauer um die Meinung, ob nicht doch etwa aus der Flasche einige Tropfen, und wie viele, herauszubekommen wären. Einige werden es kurz verneinen, andere werden es zweifelnd zugeben, und letztere frage man dann nach der Anzahl der etwa noch vorhandenen Tropfen: eins, drei, sechs usw. Man kann dreist die Wette eingehen, daß dies niemand erraten wird. Alsdann erfasse man den Flaschenzylinder nahe am Boden und schwinge ihn mit ausgestrecktem Arm mehreremal rasch im Kreis herum, nähere dann schnell die Flaschenmündung dem Papier, und es werden auf letzteres zum Erstaunen aller noch sehr viele kleine Tröpfchen niederfallen.

Dieses Kunststückchen läßt sich noch besser ausführen, wenn man das Fließpapier auf den Zimmerboden legt und über demselben die Flasche bei ausgespreizten Beinen im Kreis schwingt, alsdann wird das Papier in kurzer Zeit mit unzähligen Tröpfchen bedeckt sein.

Und die Ursache hiervon? Die in den Flaschen immer noch adhärierenden Teilchen der Flüssigkeit werden durch den geschilderten Vorgang der Kondensation unterworfen, durch die Zentrifugalkraft losgerissen und herausgeschleudert.

Die schnurrigen Kugeln

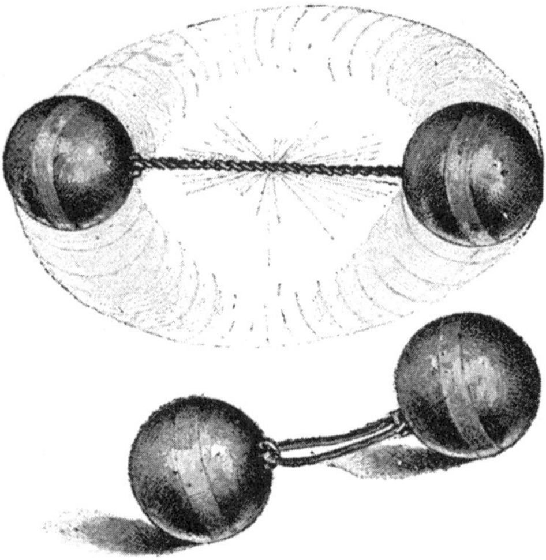

Ein Spielzeug, das Unterhaltung und interessante Belehrung bietet, wird selbst von »bemoosten Häuptern« nicht von der Hand gewiesen. Unsere lebendigen Kugeln zählen sicherlich in diese Kategorie, und ihre Beschaffung verursacht keine großen Schwierigkeiten. Die Abbildung, die auf den ersten Blick ein paar Hanteln darzustellen scheint, zeigt uns je zwei hölzerne Kugeln von etwa 5 cm Durchmesser, die mittels zweier Ösen durch eine starke Doppelschnur von Kautschuk verbunden sind. Diese Vorrichtung läßt sich mit Hilfe eines

Bohrers und zweier Schräubchenösen (in jeder Metallwarenhandlung erhältlich) unschwer herstellen; trauen wir uns das Geschick nicht zu, ist jeder Drechsler in wenigen Minuten damit zurechtgekommen.

Nun aber zum Experiment, denn noch fehlt den Kugeln die Hauptsache: das Leben. Sie erhalten es, wenn wir die Kautschukschnur stark zusammendrehen und die Kugeln dann auf den Boden legen. Alsbald fangen sie an, in wildem Tanz sich umeinander zu drehen, und dies dauert so lange, als die Drehung der Gummischnur vorhält. Nun liegen sie wieder still. Aber was ist das?! Schon will ein Vorschneller unter unseren Zuschauern sich anschikken, die Kugeln emporzuheben, um die Gummischnur neu umzudrehen, denn er hat die Ursache der bewegenden Kraft begriffen, da beginnt der Tanz aufs neue, wenn auch nicht mit derselben Lebhaftigkeit, wie das erste Mal. Unruhig drehen sich die Kugeln in tanzender Bewegung umeinander und verwundert stehen wir vor dieser seltsamen Erscheinung. Und die Erklärung? Nun, die ist sehr einfach. Die den Kugeln mitgeteilte lebendige Kraft hielt noch eine Zeitlang vor, nachdem die Schnur aufgedreht war, und so drehte sie sich in entgegengesetzter Richtung bis zu einem gewissen Grad wieder zusammen. Die aufgespeicherte Kraft hält übrigens auch zu einem dritten ja selbst vierten Mal vor, wenn auch die Bewegungen zuletzt immer schwächer werden und dann endlich ersterben.

Der Leser mag übrigens in Ermangelung von Kugeln versuchen, ob sich das Experiment nicht auch mit zwei hübsch runden Äpfeln oder Birnen zustande bringen läßt. Um die Drehung des Gummibandes aushalten zu können, müßten die Stiele der Früchte selbstverständlich recht fest sitzen. Der Effekt wird natürlich nicht ein so vollkommener sein wie bei den glattgedrehten Kugeln, immerhin mag der Versuch einigermaßen befriedigend ausfallen.

Russisches Seifenblasen-Karussell

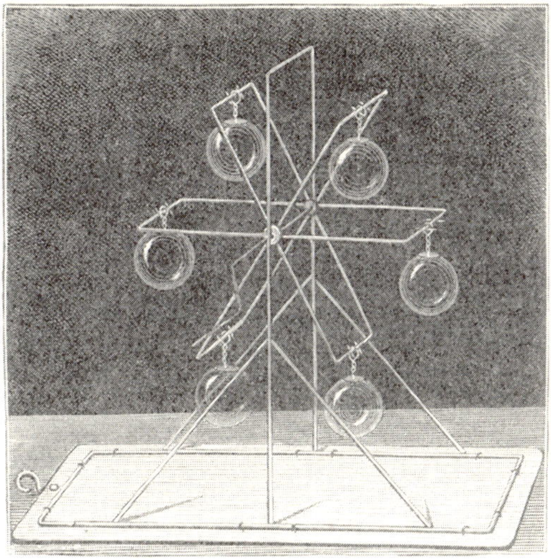

Zur Abwechslung wollen wir auch einmal ein artiges Spielzeug verfertigen. Verschaffen wir uns einen geraden, 45 cm langen Strohhalm, der keinen Knoten enthält. Diesen biegen wir viermal um, daß er ein Rechteck von 16 cm Länge und 5 cm Breite bildet. Da aber der Umfang nur 16 + 5 + 16 + 5 = 42 cm beträgt, so bleibt am einen Ende (wir wählen dazu das dünnere) ein Rest von 3 cm. Dieses Stück stekken wir in das weitere Ende, so daß das Rechteck nunmehr geschlossen ist. Aus einem zweiten Halm verfertigen wir dann ein Rechteck von derselben

Länge (16 cm), das aber um die doppelte Strohhalmdicke breiter ist als das vorige, ebenso ein drittes von nur $4^1/_2$ cm Breite. Darauf legen wir das dritte Rechteck in das erste, das zweite aber um das erste und ordnen nun die drei Rechtecke derartig unter Winkeln von 60° an, daß sie gewissermaßen die großen Durchmesser eines regelmäßigen Sechseckes bilden. Damit wäre das Rad des Karussells fertig. Den noch übrigen Rahmen, das Fußbrett und die beiden Spannstreben herzustellen, macht keine Schwierigkeiten. Da, wo eine Verbindung nötig ist, behelfen wir uns mit einem Schlitz oder wenden etwas Siegellack an. Wir hätten dann nur noch die vertikalen Seitenteile des Rahmens in 15 cm Abstand vom unteren Ende mit Hilfe eines rotglühenden dünnen Eisendrahtes zu durchbohren, ebenso die Langseiten der drei Rechtecke in ihrer Mitte, und stecken endlich durch die Seitenteile des Rahmens und die Rechtecke des Rades einen an seinem Ende kurbelartig gebogenen Eisendraht. Die drei Rechtecke befestigen wir unter sich durch Siegellack, damit sie unter gleichen Winkeln zueinander stehenbleiben; ebenso an der Drahtachse. Ferner schneiden wir sechs kleine Kartonkreise, die wir an den sechs Querstücken des Rades anhängen, schlingen um jedes locker ein dünnes Drähtchen und führen seine Enden durch den Mittelpunkt eines Kartonkreises. Sind wir so weit, dann blasen wir sechs Seifenblasen von 3–4 cm Durchmesser und hängen sie an den vorher mit Seifenwasser benetzten Kartonkreisen auf. Damit ist das Karussell fertig. Drehen wir nun die Kurbel, so haben wir den herrlichen Anblick der im Kreis umherlaufenden und dabei in allen Farben des Regenbogens schillernden Seifenblasen und können an dem hübschen Spielzeug überdies die Wirkungen der Adhäsion, Interferenz und der Molekularkraft beobachten.

Der hängende Bleistift

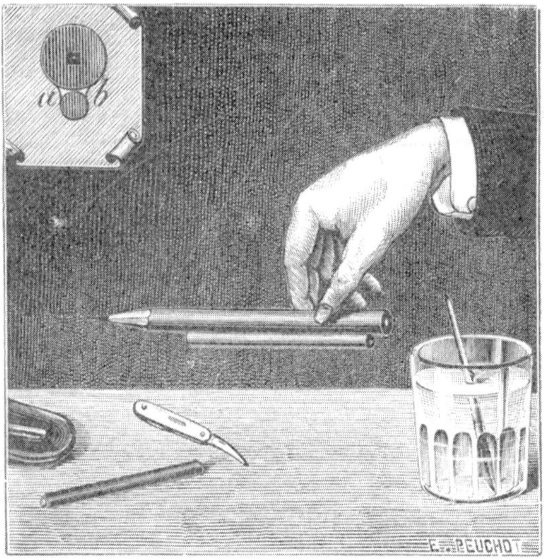

Die Adhäsion beruht auf der gegenseitigen Anziehung der kleinsten Teile der Körper, Moleküle genannt, und ist nur dann wirksam, wenn sich die Körper unmittelbar berühren. Sie äußert sich zwischen festen und zwischen festen und flüssigen Körpern. So können aufeinandergelegte polierte Metallplatten sehr fest aneinander haften. Hierher zählt auch das bekannte Schlosserkunststückchen, zwei Eisenlineale derart fein zuzuschleifen, daß sie, aufeinandergelegt, so fest aneinander haften, als seien sie ein Ganzes. Noch inniger aber ist die Berührung, oder vielmehr die Wirkung der Adhäsion, sobald der eine der beiden Körper flüssig ist. So bleibt, wie der Leser weiß, wenn man einen festen Körper in eine Flüssigkeit eintaucht und dann wieder herauszieht, zumeist eine Flüssigkeitsschicht an ihm haften. Im alltäglichen Leben sagt man dann, der Körper sei von der Flüssigkeit benetzt worden. Diese Benetzung findet stets aber nur dann statt, wenn die Adhäsion zwischen dem festen Körper und der Flüssigkeit größer ist, als der Kohäsionswiderstand der letzteren. Es werden also Metalle, Holz, Porzellan, Glas und dergleichen durch Wasser, Wein, Essig, Öl und andere Flüssigkeiten stets befeuchtet, an fetten Körpern dagegen haften bekanntlich bestimmte Flüssigkeiten, wie z. B. das Wasser, nicht an.

Der nachfolgend beschriebene Versuch soll uns nun beweisen, daß der Adhäsion unter günstigen Verhältnissen eine immerhin beträchtliche Tragkraft innewohnt. Nehmen wir einen dicken und einen dünnen Bleistift aus leichtem Holz und legen dieselben der Länge nach aufeinander, den dicken oben, den dünnen unten. Nun bringen wir, am besten vermittelst eines Federbartes, einige Tropfen Wasser rechts und links in die Fugen, den die beiden Stifte dort, wo sie sich berühren, bilden. Wir werden alsdann bei genauerem Zusehen wahrnehmen, daß das Wasser die Form einer kleinen konkaven Kurve angenommen hat, genau so, wie in unserer Abbildung links oben bei a–b ersichtlich ist. Zugleich hat sich aus beiden Kurven der Wasserschicht die Adhäsionskraft geltend gemacht, insofern als der dünnere untere Bleistift an dem oberen stärkeren fest haften bleibt.

Ein verschlossenes Weinglas zu füllen

Der Leser kennt vielleicht das Kunststückchen der Herren Magier, ein volles Weinglas an die Stelle eines leeren zu setzen, ohne daß eines der beiden Gläser mit den Händen oder sonstwie berührt werde. Einer unserer Freunde, schlagfertig und stets zu Scherzen aufgelegt, pflegte diese Aufgabe in der

Weise zu lösen, daß er das Tischchen, auf dem die Gläser standen, einfach aufhob, seitlich herumdrehte, und dann wieder niederstellte. Nun sollte aber auch der Wein »verschwinden«. Er winkte einen dienstbaren Geist herbei, dieser stürzte sich auf das Glas und leerte es mit wonnigem Behagen, wobei der schalkhafte Magier mit neidischen Blicken das »Verschwinden« des Weines beobachtete. Nach der Überschrift zu schließen, könnte der Leser am Ende annehmen, daß wir auf eben dieses Belustigungsgebiet eine kleine Exkursion zu unternehmen gedächten; dem soll aber nicht so sein, wir verbleiben bei unseren ernsthafteren physikalischen Spielereien. Wir haben also, wie unsere Abbildung zeigt, zwei ganz gewöhnliche, in ihrem oberen Rande gleich große Weingläser vor uns, deren Glasränder, aufeinandergestülpt, sich hermetisch zu decken scheinen. Wenn wir nun irgendeine Flüssigkeit, am besten Wasser, über die nach aufwärts ragende Bodenfläche des oberen Glases langsam ausgießen, sollte man meinen, daß es über die äußeren Wandungen beider Gläser hinweg auf die Tischplatte niederfließe. Dies ist aber, zur Überraschung aller Nichteingeweihten, nicht der Fall. Das Wasser breitet sich vielmehr aus der noch obenstehenden Bodenfläche nach allen Seiten aus, tröpfelt von ihrem Rand auf die Wand des oberen, verkehrt stehenden Glases nieder, und sammelt sich im Innenraum des unteren. Beide Weingläser haben wir zuvor recht säuberlich trockengerieben. Der Versuch lehrt, daß die hermetische Deckung der beiden Weingläser doch nur eine anscheinende, also immerhin eine so unvollkommene ist, daß das Wasser kraft der Adhäsion seinen Weg zwischen dem Rand der Gläser hindurch finden und die verdrängte Luft ausweichen konnte.

Schwimmendes Kupfer

Tauchen wir einen Bleistift in Wasser oder irgendeine andere Flüssigkeit, und nehmen wir ihn wieder heraus, so wird an demselben ein Tropfen hängenbleiben. Denken wir uns nun den halbkugelförmigen Tropfen von einer horizontalen Linie durchschnitten, so werden die unterhalb der Schnittlinie liegenden Teilchen von den andern über derselben liegenden getragen und festgehalten erscheinen, da sie sonst herabfallen würden und kein Gegengewicht stattfinden könnte. Dies ist die Wirkung der Kohäsion, einer je nach der Verschiedenheit der Körper verschieden wirkenden Kraft, die aber den Zusammenhang der kleinsten Teile oder Moleküle eines Körpers in der Natur zur Darstellung bringt.

Die Kohäsion ist aber entgegen dem eingangs geschilderten Bleistiftexempel auch der Tragkraft nach oben fähig, wie wir sogleich aus einem einfachen, aber darum nicht minder hübschen Versuch ersehen werden. Nehmen wir einen Ring aus blankem Kupferdraht von 1 mm Dicke und 8 cm Durchmesser, legen denselben vermittelst einer Pinzette recht vorsichtig auf eine Wasserfläche, so wird er zur Überraschung aller derjenigen, die in der Physik nicht so wohlbeschlagen sind wie wir, auf derselben schwimmen, obgleich er etwa achtmal schwerer ist als Wasser; er liegt, wie in der Figur auf unserem Bild rechts oben bei a gezeigt, gleichsam in das Wasser eingebettet, und schwimmt solchermaßen vermöge des Widerstandes, den ihm die Kohäsion des Wassers entgegensetzt.

Leichter noch ist das Experiment und das Gelingen noch sicherer, wenn wir den kupfernen Ring, ehe er auf die Wasserfläche gesetzt wird, etwas ölen. Der Leser wird in diesem Fall unschwer erkennen, daß damit aber noch eine weitere physikalische Wirkung, und zwar diejenige der Repulsion, d. i. Abstoßung, Zurückstoßung, zur Äußerung gelangt.

Schwimmendes Eisen

Eine artige Variation des zuletzt geschilderten Versuches tritt uns in der oben stehenden Abbildung entgegen und berechtigt uns dem Laien gegenüber tatsächlich zu der etwas kühn klingenden Behauptung, daß Eisen schwimmt – selbstverständlich im engeren Sinne genommen; denn daß unsere Marine dieses Wort längst schon gerechtfertigt hat, und ihre schwimmenden Eisenkolosse nach allen

Weltmeeren entsendet, weiß jedes Kind und gehört dem Begriff nach nicht hierher.

Um unser Experiment auszuführen, füllen wir ein Stengelglas bis fast zum Rand mit Wasser, bitten dann die Inhaberin des nächsten Handarbeitstischchens unter der Versicherung, daß das Bittobjekt zu ganz Außerordentlichem bestimmt sei, uns aus ihrem Vorrat eine nicht allzustarke Nähnadel wählen zu lassen, deren ja auf den zierlichen Nadelkissen der fleißigen Handarbeiterinnen in allen Stärken vorhanden zu sein pflegen. Dann nehmen wir von unserem Schreibtisch ein Stückchen Schreibpapier, und schneiden dieses viereckig so zu, daß es nach einer Richtung hin etwas länger als die Nähnadel groß ist. Das Papierstück legen wir auf die Oberfläche des Wassers, und die Nadel darauf. Nun werden wir die wenig überraschende Beobachtung machen, daß das Papier, sobald es – das dauert je nach der Beschaffenheit desselben allerdings ein kleines Weilchen – einen Prozentsatz Wasser in sich aufgenommen, mit anderen Worten, sich vollgesogen hat, sinkt; überraschen wird unser Auditorium aber, daß die Nadel auf der Oberfläche des Wassers in ihrer schwimmenden Lage verbleibt.

Auch hier gelingt das Experiment noch sicherer, wenn wir, wie schon im vorher geschilderten Versuch gesagt, die Repulsion zu Hilfe nehmen, d. h. die Nadel, ehe sie auf das Papierstück gelegt wird, etwas ölen.

Durch Kohäsion einen Kreis zeichnen

Betrachten wir ein mit Wasser gefülltes Glas, so scheint die in demselben vorhandene Flüssigkeit überall gleichmäßig verteilt zu sein und sich in vollkommenem Gleichgewicht zu befinden. Dies ist aber, wie wir aus den zuletzt angestellten Experimenten erkennen gelernt haben, nicht der Fall. Wir haben in der Flüssigkeit bereits zwei Kräfte vorgefunden, einmal die Attraktions- oder Anziehungskraft, welche dahin strebt, die Teilchen der Flüssigkeit zusammenzuhalten, zum andern auch eine repulsive oder abstoßende Kraft, welche die Teilchen zu trennen strebt.

Bis jetzt haben wir mit größeren Wassermengen experimentiert, suchen wir nun einen neuen Beweis für die Kohäsionskraft aus einer kleineren Quantität Flüssigkeit, welche in Berührung mit der Luft zwei Seitenflächen darbietet, solcherweise also eine doppelt große Spannkraft entwickeln kann. Zu diesem Zweck lösen wir zunächst in einem Liter Wasser 25 g Seife und 25 g Zucker, dann fertigen wir uns einen kleinen viereckigen Rahmen aus Eisendraht und versehen ihn an seiner einen Seite mit einer Handhabe, indem wir einfach eine Schlinge so breit bilden, daß dieselbe vom Daumen und Zeigefinger unserer Hand leicht und sicher erfaßt werden kann. Tauchen wir nun unseren Rahmen in die in der Wasserschale befindliche Mischung und heben denselben aus der Flüssigkeit wieder heraus, so ist er mit einer dünnen Wasserscheibe gefüllt, welche gar kein Gewicht zu haben scheint, da die Wasserfläche nach unten nur sehr wenig gebogen ist. Je mehr Flüssigkeit abtropft, desto dünner und desto ebener wird die Schicht, d. h. die Kohäsion und Adhäsion überwinden die Schwere der Flüssigkeit, wie der verehrte Leser sich bereits gesagt haben wird.

Legen wir nun auf diese Wasserschicht einen zum Ring verknüpften, gewöhnlich starken Seidenfaden, so bleibt derselbe in beliebiger Gestalt und Lage, ganz so wie er durch unsere Geschicklichkeit plaziert worden ist, auf der Flüssigkeit liegen; sobald aber die Wasserschicht in der Mitte des Fadenringes mittels einer Bleistiftspitze oder eines ähnlichen Instrumentes eingestoßen wird, zieht sich die Flüssigkeit nach allen Seiten zurück und der Faden nimmt eine vollkommene Kreisform an. – Ein ungemein interessanter Versuch.

Messer als Nußknacker

Ob ein von gewöhnlicher Türhöhe niederfallender Gegenstand, sagen wir ein Tischmesser, die Wucht erreicht, eine Walnuß aufzuschlagen? Man dürfte es billigerweise bezweifeln, und dennoch können wir versichern, daß es jedesmal der Fall sein wird. Stecken wir also versuchsweise ein spitzes Messer, natürlich nur dort, wo es erlaubt ist, und ganz leicht, daß es gerade hält, in die obere waagerechte Leiste einer Türverkleidung, visieren den Punkt, wo das Messer voraussichtlich den Boden trifft, recht genau aus, und legen auf diese Stelle die Nuß. Nun führen wir einen kräftigen Faustschlag gegen die Türeinfassung, das Messer wird, wie erwünscht, seinen Standpunkt verlassen, in die Tiefe sausen, aber gewöhnlich – neben dem Punkt, den es treffen soll, auf dem Boden aufschlagen. Wie verfahren wir, daß unser Beginnen nicht wieder ein vergebliches ist, daß das Messer die Nuß unfehlbar trifft? Wir tauchen einfach das Heft desselben in ein mit Wasser gefülltes Glas, in der Weise, daß ein Tropfen daran hängen bleibt; dieser letztere läßt uns nicht allzulange warten, daß er zu Boden fällt. Auf die Stelle seines Aufschlages legen wir die Nuß. Führen wir nunmehr einen kräftigen Faustschlag gegen das Türgewand, so wird das Messer fallen und die Nuß unfehlbar zerschmettern. Da wir gerade beim Nußknacken sind, so sei hier noch eine andere Methode erwähnt, die uns das Öffnen der Nüsse, ohne daß wir ein Hilfsmittel zur Hand nehmen, sehr leicht werden läßt. Wir legen die Nuß auf eine Stein- oder harte Holzplatte (nur nicht gerade auf einen guten furnierten Tisch) und halten sie mit dem linken Zeigefinger so, daß die Ebene der Nußnaht senkrecht zur Unterlage sich verhält. Nun führen wir mit der rechten Hand einen kräftigen Faustschlag auf den auf der Nuß ruhenden Zeigefinger: die Schale wird sofort auseinanderspringen. Nun wird man sagen: »Na, der linke Zeigefinger wird aber dann schön weh tun!« Es ist nicht der Fall; man versuche es nur. Und warum nicht? Aus Gründen eines physikalischen Gesetzes, das zu erkennen der Leser diesmal selbst versuchen soll.

Der aufsteigende Fallschirm

Einen Fallschirm aus Papier zu erbauen, das ist keine Hexerei, kann uns doch der nächstbeste Regenschirm als ungefähres Modell gelten. Wie aber – nun kommt schon wieder das Aber! – eine Vorrichtung konstruieren, die ihn empor in die Luft führt, wer läßt ihn oben los? Wir können doch nicht für jede Luftfahrt auf den Boden klettern, und den Schirm zum Dachfenster hinauswerfen!

Verfahren wir wie folgt. Nehmen wir an, die Herstellung des Papierschirms sei uns gelungen, er sehe richtig aus wie das Dach unseres Regenschirms; dabei haben wir kein Fischbein und keinen Draht mit eingeleimt, sondern dünne Bindfäden, die noch ein gutes Stück über den Schirmrand hinausragen, und mit ihren unteren Enden an einen glatten Ring befestigt sind, durch den der Schirmstock hindurchgesteckt ist; er muß sich im Ring bequem verschieben lassen. Endlich haben wir am unteren Ende des Stockes einen beinernen Knopf angebracht, den wir auf der Unterseite mit einer Furche, so breit wie ein starkes Gummiband, versehen.

Nun verfertigen wir eine beiderseits offene, innen recht glatte Pappröhre. Sie soll so weit sein, daß der zusammengefaltete, mit der Spitze nach unten in die Röhre von oben hineingesteckte Schirm gerade hindurchrutschen kann. Am unteren Ende der Röhre befestigen wir ein ziemlich starkes Gummiband mit seinen Enden zu beiden Seiten der Öffnung, so daß seine Mitte schlaff herabhängt. Stekken wir jetzt den Schirm in das Futteral, diesmal aber mit der Spitze nach oben, so kommt der Beinknopf mit seiner Furche auf das Gummiband zu stehen. Nun machen wir es wie der junge Mann in unserer Abbildung: Mit der einen Hand halten wir das Futteral, mit der anderen Hand fassen wir den Knopf, ziehen ihn nach unten, wobei sich der Gummi spannt, und lassen ihn wie der Bogenschütze plötzlich los. Der Schirm schießt wie ein Pfeil von der Sehne vertikal aufwärts und erreicht eine beträchtliche Höhe, dann bläht er sich auf und kommt langsam wieder herab. Noch besser gelingt das Spiel bei bewegter Luft. Man stellt sich mit dem Rücken gegen die Windrichtung und neigt die Papprÿhre nach vorn.

Die Stärke des Strohhalms

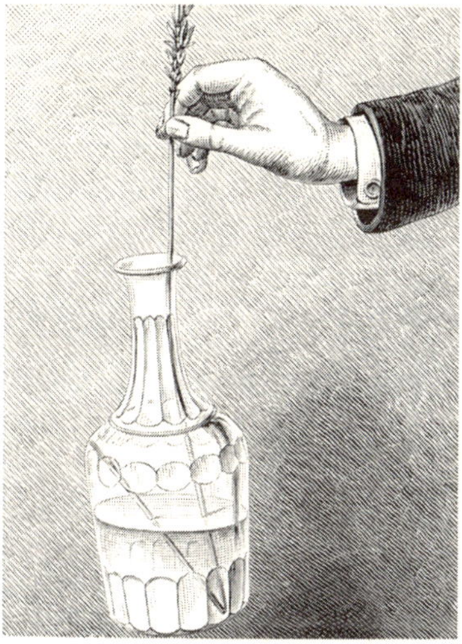

Festigkeit nennen wir jenen Widerstand, den ein Körper der Trennung seiner Teilchen entgegensetzt. Dieser Widerstand kann gegen das Zerreißen, Zerbrechen, Zerdrücken oder das Zerdrehen gerichtet sein. Unsere Techniker besitzen von der Festigkeit ihres Baumateriales sehr genaue Kenntnis, und nehmen dasselbe bei seiner Verwendung, z. B. Hölzer nur auf $^1/_{10}$ bis $^1/_4$, Metalle nur auf $^1/_3$ ihrer absoluten Festigkeit in Anspruch. Von größter Festigkeit sind oft die unscheinbarsten und feinsten Dinge, wie z. B. roher Kokonfaden (darunter in erster Linie der sogenannte Gutfaden, den der Fischer zur Befestigung der Angel verwendet) und Spinnwebfäden; ein von letzteren hergestellter Faden von 1 qmm Querschnitt kann, ohne zu zerreißen, ein Gewicht von über 500 Kilogramm tragen. Aber erstaunlich ist es auch für den Nichtkenner, zu erfahren, welche Festigkeit und Tragfähigkeit ein Strohhalm besitzt.

Lassen wir uns, um dies durch einen Versuch darzutun, eine mit Wasser zur Hälfte angefüllte Karaffe geben, knicken einen Halm und führen ihn so in die Flasche ein, wie dies aus unserer Abbildung ersichtlich ist. Wenn wir uns dann erbötig zeigen, die doch gewiß ziemlich schwere Karaffe solcherweise mit dem Halm in die Höhe zu heben, so werden wir in unserer Umgebung sicherlich sehr viele ungläubige Gesichter wahrnehmen. Aber wir können getrost darauf wetten, daß das Experiment gelingt, zumindest solange der Strohhalm fest ist, also nicht erweicht wurde. Ist das letztere eingetreten, dann allerdings wäre Vorsicht geboten, oder wir müssen uns auf Scherben gefaßt machen. – Unsere Zuschauer werden von dem gelungenen Versuch sicherlich überrascht sein. Einigen unter den anwesenden Personen ist besonders die Biegung des Halmes ins Auge gefallen, und sie könnten vielleicht die Ansicht äußern, daß das Experiment auf dem Prinzip des Hebels beruhe. Dem ist aber nicht so, denn die Biegung bezweckt in der Tat einzig und allein, den Halt für die Flasche zu gewinnen, im übrigen aber beruht das Experiment nur auf der Tragfähigkeit des Strohhalmes.

Überraschende Wirkung eines Stockschlags

Vielleicht hat auch schon einer unserer Leser die Bekanntschaft jenes Künstlers gemacht, den wir, wenn wir nicht irren, vor Jahren in Wien gesehen haben; er führte den zufällig des Weges kommenden Spaziergängern unter freiem Himmel einige physikalische Kunststücke vor, und verdiente solchermaßen seinen Lebensunterhalt. Unter anderem hatte er gewöhnlich auch einen dünnen Holzstab bei sich. Zwei Kinder, jedes mit einem offenen Rasiermesser bewaffnet, wurden auf die Länge des Stabes voneinander aufgestellt, dann über jede Messerschneide ein Papierring gehangen, und in die Ringe die Enden des Stabes gelegt. Der Mann führte alsdann mit einem kräftigen Prügel mit aller Kraft einen Schlag auf die Mitte des Stabes, er zerbrach, aber die Papierschleifen waren weder zerrissen, noch von den Messern zerschnitten.

Der gleiche Versuch läßt sich auch in der Weise ausführen, wie unsere Abbildung das zeigt. Wir stecken in die beiden Enden des Stabes Stecknadeln, legen diese auf Stengelgläser, die auf zwei Stühlen stehen. Führen wir nun einen kräftigen Schlag auf die Mitte des Stabes, so zerbricht dieser, die Gläser aber bleiben unverletzt.

Solche Gelegenheits- und Jahrmarktskünste sind, so einfach oder marktschreierisch sie sich präsentieren, oft sehr lehrreich. Die Erklärung des soeben geschilderten Experiments aber ist höchst einfach. Der niedersausende Prügel trifft mit großer Energie die Teilchen in der Mitte des Stabes, und sucht diese naturgemäß abwärts zu bewegen. Diese Einwirkung überwindet den vorhandenen Widerstand viel eher, als sich die Erschütterung durch den Stab bis auf die Endpunkte, und damit auf die zerbrechlichen Gläser fortpflanzen könnte. Die Folge ist die fast augenblicklich eintretende Katastrophe: Der Stab wird das Opfer der plötzlich auf ihn einwirkenden Energie, während die Enden verharren, das heißt unberührt bleiben.

Kegelkugel und Bindfaden

Eine hübsche und ebenso leicht auszuführende Variation des zuletzt geschilderten Versuches bildet das nachstehend erläuterte und oben im Bild veranschaulichte Experiment. Wir verschaffen uns eine hölzerne Kugel, etwa eine verabschiedete Kegelkugel, bohren an ihrem oberen und unteren Pol ein Loch, und schrauben beiderseits eine Öse ein. Nun hängen wir die Kugel mit einem schwachen

Bindfaden an die Zimmerdecke oder an eine sonst geeignete Örtlichkeit, und knüpfen an die untere Öse einen kräftigeren, d. h. mehr widerstandsfähigen Bindfaden. Wenn wir nun den letzteren ergreifen und mit plötzlichem Ruck sehr stark an demselben ziehen, so wird nicht der obere sondern der untere Bindfaden reißen, die Kugel also ruhig hängen bleiben.

Auch für diese Erscheinung ist die Erklärung sehr einfach. Der plötzliche sehr kräftige Zug, den wir an dem unteren Bindfaden ausüben, kann sich nur sehr langsam durch die große Masse der Kugel fortpflanzen, mit anderen Worten: der Widerstand des unteren stärkeren Fadens ist bereits überwunden, während Kugel und oberer Faden verharren, d. h. von der Einwirkung unberührt bleiben.

In Ermangelung einer Kegelkugel kann vielleicht auch der Globus dem Versuch dienen, es dürfte nicht schwer sein, die beiden Pole desselben mit geeigneten Vorrichtungen zur Befestigung der beiden Bindfaden zu versehen. Für Ausführung des plötzlichen kräftigen Ruckes, den wir dem unteren Faden mitteilen, dürfte es sich empfehlen, vor Erfassen desselben einen Handschuh stärkerer Sorte anzulegen, oder die Innenfläche der Hand durch das Taschentuch zu schützen; weiche Hände könnten leicht etwas unangenehm mitgenommen, wenn nicht erheblich verletzt werden.

Die explodierende Fruchtschote

Wenn man die trockenen Schoten der in Mexiko wachsenden Akanthaceenart *Justicia** in ein Gefäß mit Wasser wirft, so explodieren sie nach Verlauf einiger Minuten mit einem scharfen Knall und schleudern einen Teil der in ihnen enthaltenen Samenkörner, meist auch eine Hälfte der Schote, in die Luft. Worauf mag diese merkwürdige Erscheinung beruhen? Die Erklärung ist unschwer zu finden. Die äußere Hülle der Schoten ist schwammig, die innere, mit den Samenkörnern in Verbindung stehende dagegen pergamentartig dicht und hart. Infolgedessen wird das Wasser von der äußeren Hülle begierig aufgesaugt und diese dehnt sich nun ziemlich bedeutend aus. Es macht sich dadurch eine Spannung zwischen der äußeren und inneren Hülle geltend, infolge derselben die Schote eben platzen muß, und zwar, wie schon oben gesagt, gewöhnlich unter ziemlich heftigem Knall.

Dieses Platzen von Schoten ist übrigens gar nichts Ungewöhnliches und kommt auch bei uns vor. Wenn man z. B. im Sommer, wenn die Sonne just recht grell scheint, durch ein Ginsterfeld geht, so kann man auch hier eine kleine Kanonade wahrnehmen, jeden Augenblick hört man Puffen. Es ist das auf die Ginsterschoten zurückzuführen; ihre äußere Hülle zieht sich nämlich unter dem Einfluß der Sonnenhitze ziemlich energisch zusammen, wodurch die Schote sich nach außen krümmt und die verbindende Seitennaht unter lautem Knall zersprengt. Der verehrte Leser mag das Experiment mit trockenen Ginsterschoten versuchen; möglicherweise eignen sich auch noch andere Fruchtschoten dazu, z. B. die Springbalsamine, die Erbsenschote, der Rapssamen usw.

* Ein Bärenklaugewächs. (Anm. des Hrsg.)

Der verhexte Fidibus

»Was gilt es«, fragte mich einst eine befreundete Persönlichkeit, »Sie werden diesen Fidibus, wenn ich ihn am oberen Ende anzünde, sofort fallen lassen?«

Ich lächelte und besah mir das entgegengehaltene Papier etwas näher. Mein Freund hatte aus ziemlich steifem Papier einen etwa 35 cm langen und 2 cm breiten Streifen geschnitten, in der Mitte hübsch säuberlich zusammengekniffen und hielt die beiden aufeinandergelegten Enden zwischen Daumen und Zeigefinger, so daß der Fidibus steif nach oben stand.

»Gut, es gilt«, sagte ich einigermaßen gespannt, denn aus freiem Entschluß wollte er den Witz, der zweifellos dahinter steckte, sicherlich nicht preisgeben; »zeigen Sie, was Sie können, und wenn Sie recht behalten, soll es mir, da Sie nun mal zu wetten wünschen, auf eine Flasche Guten nicht ankommen.«

Mein Freund übergab mir alsdann die Enden des Streifens, die ich mit den Fingerspitzen hielt, er entzündete ein Streichholz und brannte den Kniff an; kaum war das geschehen und die Kanten durchgebrannt, also der Streifen auch oben getrennt, so sprangen die beiden flammenden Papierteile blitzschnell und spiralförmig auf meine Hand herab, daß ich sie gerne fahren ließ.

Die Flasche Wein war also dahin, ich aber war um ein Kunststückchen reicher, denn mein Freund mußte mir den Hergang, obwohl er sich anfänglich ein wenig sträubte, natürlich haarklein erklären.

Er hatte den Streifen genau in der Mitte gekniffen und die Enden ausgerollt, so daß sie, wie die umstehende Abbildung deutlich zeigt, zu beiden Seiten des Mittelkniffes wie zwei Spiralfedern abstanden. Will der Leser den Versuch unternehmen, lege er die Streifen aufeinander und fasse die beiden Enden mit den Fingerspitzen, wie schon oben beschrieben. Das Aufrollen ist einfach. Es geschieht am besten, wenn man jedes Ende zwischen den Daumen der rechten Hand und einem gegen denselben gedrückten Messerrücken scharf durchzieht. Die Federkraft der beiden ausgerollten Streifenhälften muß so groß sein, daß dieselben, wenn man sie aufeinanderlegt und dann plötzlich losläßt, wieder in ihre Spiralform bis an den Kniff zurückspringen. Diese letztere Eigenschaft liegt in der Qualität des Papiers. Um demnach den Versuch mit vollem Effekt zustande zu bringen, muß man durch Ausprobieren das entsprechende Papier zu erhalten suchen.

Wasser in Wein zu verwandeln

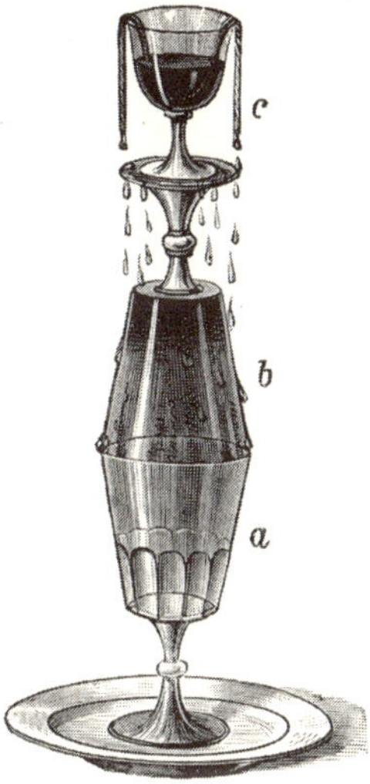

Wasser in Wein zu verwandeln – wer das gelegentlich könnte! Zu unserem Versuch bedürfen wir dreier Weingläser. Von diesen müssen zwei (a und b) möglichst vollkommen gleich sein; das dritte (c) sei kleiner, insbesondere der Rand von etwas geringerem Umfang. Die beiden ersteren setzen wir auf den Boden eines hoch mit Wasser gefüllten Eimers, so daß ihr Inhalt vollkommen aus Wasser besteht und keinerlei Luftperlen mehr an ihnen adhärieren; zu diesem Zweck überfahren wir im Wasser mit den nassen Fingern ihre Wandungen innen und außen. Dann kehren wir das Glas b um und stellen es verkehrt auf das Glas a, heben das Ganze aus dem Eimer heraus und stellen es auf einen Teller. Nachdem das Wasser an den Außenwänden der Gläser etwas abgelaufen ist, tupfen wir das übrige mit einem weichen Tuch vorsichtig weg, so daß die Gläser außen ganz trocken, innen aber vollkommen mit Wasser gefüllt sind. Alsdann setzen wir das mit etwas Rotwein gefüllte Glas c oben auf den Fuß b und stellen die Aufgabe, den Wein von c nach b zu bringen, ohne a und b zu berühren. Wir lösen dieselbe auf einem einfachen automatisch-physikalischen Wege. Wir legen einen hinreichend langen Runddocht (im Notfall tut's auch ein Strängchen wollenes Garn) mit seiner Mitte so auf den Boden des Glases c, daß seine beiden Enden links und rechts fast bis zu dem Fuß von c herabhangen, und überlassen nun das Ganze sich selbst. Durch die Kraft der Kapillarität steigt dann der Wein beiderseits in dem Docht in die Höhe und sinkt außen wie in einem Heber herab, so daß er aus den Dochtenden niedertropft und auf die Außenwände von b gelangt. Da, wo b und a sich mit ihren Rändern berühren, dringt er aber, wiederum infolge von Kapillaritätskräften, in das Wasser ein und steigt wegen seines geringeren spezifischen Gewichts in b in die Höhe, während der Wasserinhalt von b allmählich verdrängt wird. So gelangt der Rotwein deutlich sichtbar schließlich ganz in das Glas b und die Aufgabe ist gelöst.

Wasser schwerer als Wein

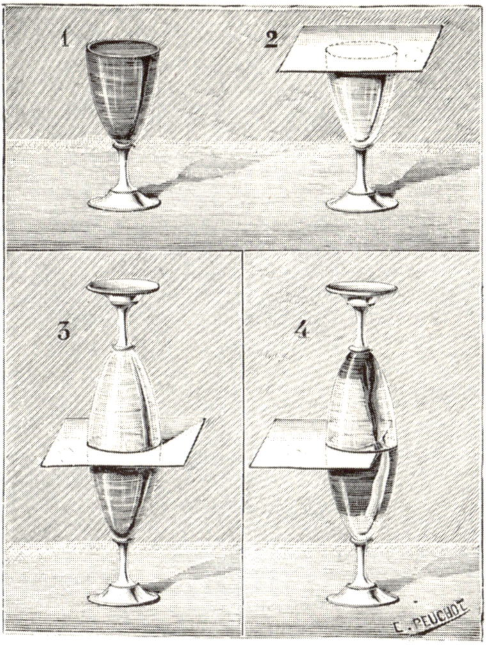

In dem vorstehenden Holzschnitt haben wir den bildlich dargestellten Versuch zur Ermittelung des verschiedenen spezifischen Gewichts zweier Flüssigkeiten, und zwar derjenigen des Wassers und des Weines, zu erkennen. Unter spezifischem Gewicht verstehen wir bekanntlich die Dichtigkeit, oder vielmehr das Gewicht der Volumeneinheit eines

Körpers, oder auch das Verhältnis seines Gewichts zu dem eines gleichen Volumens eines Vergleichkörpers. Als letzterer dient bei flüssigen und festen Körpern gewöhnlich das Wasser (bei 4 C.), bei gasförmigen Körpern in der Regel die Luft (bei 0° C. und 760 mm Barometerstand).

Doch zu unserem Experiment! Wir nehmen zwei Weingläser und füllen das eine mit Rotwein (1), das andere mit Wasser (2). Letzteres bedecken wir mit einem Blatt von gewöhnlichem Briefpapier und stellen es umgestülpt auf das mit Wein gefüllte (3). Nun ziehen wir das Blatt Papier etwas zurück (4), was aber recht viele Vorsicht erfordert, damit die Gläser nicht aus ihrer genau zusammenpassenden Stellung kommen. Auch darf die Berührungsspalte der beiden Flüssigkeiten nicht zu groß sein. Was tritt nun ein? Werden Wasser und Wein sich vermischen? Man ist geneigt, die Frage zu bejahen. Es erfolgt jedoch keine Vermischung. Das Wasser aber, als der schwerere Körper, fließt in das untere mit Wein gefüllte Glas ab und verdrängt diesen nach und nach, wobei der Wein in demselben Maße in das obere Glas hinaufsteigt. Einige Minuten vergehen und in den Behältern sind die Materien vertauscht. Das Glas, das mit Wasser gefüllt war, enthält den Wein, das mit Wein gefüllte Glas hat das Wasser aufgenommen.

Wer Lust hat, und den Beruf dazu in sich fühlt, kann diesen Versuch gelegentlich auch als hübsches Taschenspielerkunststück benutzen, man hätte nur nötig, den geschilderten Vorgang den Blicken der Zuschauer durch einen davorgestellten oder darübergestülpten Gegenstand zu entziehen. Den üblichen Hokuspokus aber, der zur Verschleierung und zum Aufputz einer solchen Nummer sonst noch nötig sein sollte, mag sich der Hexenmeister gefälligst selber ausdenken.

Der Vulkan im Wasserglas

»Sie reisen nach dem Süden, nach Neapel und Sizilien – zum Vergnügen, wenn wir fragen dürfen, oder zu einem wissenschaftlichen Zweck?«

»In der Hauptsache, um dem Vesuv und Ätna einen Besuch abzustatten.«

»Aber die beiden Feuerberge sind zur Zeit ja gar nicht in Eruption!«

»Gleichviel, es genügt mir ihre normale Tätigkeit zu beobachten.«

»Aber, bester Herr, wozu die Reise? Diese Tätigkeit können Sie gang gemütlich und ohne jede Gefahr in Ihrem Zimmer, ja sogar in einem Wasserglas beobachten.«

Der Herr Professor sieht uns erst ganz verdutzt, dann aber mitleidig lächelnd an, als ob er uns für übergeschnappt hielte, und kehrt uns schließlich den Rücken. Lassen wir ihn gewähren, wir und unsere Leser aber wollen uns den lehrreichen physikalischen Scherz, den wir bei dieser Neckerei im Auge hatten, nicht entgehen lasten. Nehmen wir zu diesem Zweck ein möglichst geräumiges Glasgefäß und stellen auf seinen Boden ein mit Rotwein gefülltes Fläschchen; letzteres verstöpseln wir mit einem Korken, dem wir der Länge nach eine feine Durchbohrung gegeben haben. Alsdann umkleiden wir die Flasche mit Lehm, Gips oder etwas Ähnlichem, indem wir die Form eines Vulkans nachbilden, insbesondere auch den Krater zur Darstellung bringen, dessen Grund den durchlöcherten Korken

umschließt. Endlich füllen wir das Glasgefäß mit Wasser. Da nun der Rotwein spezifisch leichter als Wasser ist, so steigt ersterer in einem seinen, sich oben erweiternden Strahl in die Höhe, gleich der Dampfsäule eines Vulkanes; das Ganze gewinnt noch an Ähnlichkeit, wenn wir, entsprechend der in der Luft herrschenden Bewegung, das Wasser an der Oberfläche ein wenig umrühren. Der Vorgang dauert im ganzen ziemlich lange, da der Wein durch die feine Öffnung des Korkens nur langsam entweicht. Wir fragen nun: hatte der Herr Professor Grund, unsere Behauptung so sehr stark in Zweifel zu ziehen?

Fortpflanzung des Stoßes

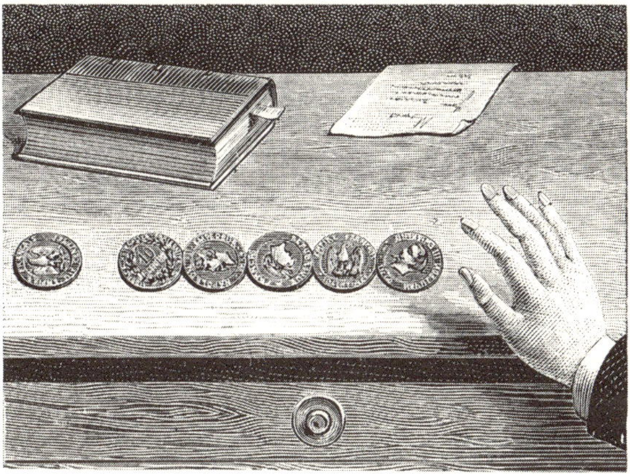

Was verstehen wir unter dem Stoß? Das Zusammentreffen mindestens zweier Körper, von denen wenigstens einer im Zustand der Bewegung sein muß. Seine Kraft äußert sich in ungemein kurzer Zeit und ist von verhältnismäßig sehr großer Stärke. Die Wirkung des Stoßes besteht, unter physikalischen Gesichtspunkten betrachtet, in einer Zusammendrückung und einer Geschwindigkeitsäußerung, die sich fortzupflanzen fähig ist. Um die letztere Wirkung, die Fortpflanzung des Stoßes zu veranschaulichen, existieren in den physikalischen Kabinetten eine Reihe von Apparaten, unter denen die geradlinig in gleicher Höhe hängenden Elfenbeinkugeln am bekanntesten sind. Hebt man die an dem einen Ende der Reihe befindliche Kugel und läßt sie auf die Nachbarkugel fallen, so empfängt diese letztere und die neben ihr befindlichen Kugeln den Stoß, doch bewegen sie sich nicht von der Stelle; gleichwohl pflanzen sie denselben fort bis auf die letzte am anderen Ende hängende, die der Kraft des Stoßes entsprechend abgestoßen wird. Dieser Apparat läßt sich bei einiger Findigkeit und Geschicklichkeit mit den einfachsten Mitteln leicht selbst herstellen. Am einfachsten aber ist es, man greift in die hoffentlich wohlbestellte Sparbüchse und legt, wie unser Bild zeigt, eine Reihe Münzen auf den Tisch. Schnellt man die erste mit den Fingerspitzen gegen die zweite, werden die mittleren alle auf ihrer Stelle bleiben, indes die letztere abgestoßen wird.

Sehr interessant und mannigfaltig sind die Wirkungen des Stoßes beim Billardspiel, die nach den Gesetzen des elastischen Stoßes erfolgen. Man unterscheidet dabei in der Hauptsache den ›zentralen geraden Stoß‹, bei dem das Queue (der oben belederte Stock, mit dem die elastischen Elfenbeinbälle angestoßen werden) den Ball in der Mitte trifft; den ›Hochstoß‹, bei dem der Berührungspunkt über, und den ›Tiefstoß‹, bei dem derselbe unter der Mitte liegt. Der hochgetroffene Ball strebt nach vorwärts, der tiefgestoßene nach rückwärts; außerdem kommen eine Reihe mehr oder minder stark seitlich geführter Stöße zur Anwendung, die den

Ball rechts oder links führen. Namentlich der durch Tiefstoß herbeigeführte Anprall der einen Elfenbeinkugel an die andere, und die dadurch erfolgende rückläufige Bewegung des angestoßenen Balles ist ungemein interessant, und bei geschickter Ausführung ein hübscher Anblick.

Tragkraft der Wasserteilchen

Interessant ist der nachstehend geschilderte Versuch, der immerhin einiger Vorbereitungen bedarf, aber keineswegs besondere Geschicklichkeiten erfordert. Er soll uns das Vorhandensein der Anziehungskraft an der Oberfläche einer Flüssigkeit nachweisen.

Wir beschaffen uns die eine Hälfte einer Nußschale, und versehen dieselbe am oberen Rand mittels eines kleinen Bohrers mit drei Löchern, so daß wir je einen Bindfaden durchzuziehen und zu befestigen vermögen. Dieses letztere bewirken wir sehr einfach dadurch, daß wir das eine Fadenende durch das Bohrloch hindurchstecken und dann jenseits an dem Ende des Fadens einen Knopf bilden, groß genug, daß er durch das Loch nicht hindurchschlüpfen kann. Alsdann vereinigen wir die drei Fäden nach oben zu, und befestigen sie an dem einen Ende eines Korkpfropfens in der Weise, daß wir einfach das Teilstückchen eines Zündholzes mit den Fadenenden in den Korken eintreiben; das solcherweise an den Korken befestigte Nußschälchen wird ausreichend festhängen, ja sogar noch einige Tragkraft aufweisen. In das obere Ende des letzteren stecken wir dann zwei bis drei Drahtarme, dazu bestimmt, einen Kupferring zu tragen. Endlich setzen wir das Ganze in ein entsprechend tiefes, mit Wasser gefülltes Gefäß, und bringen den Ballast mit dem obenauf liegenden Ring so in das Gleichgewicht, daß der letztere auf der Wasserfläche schwimmt. Dazu bedienen wir uns einiger Metallgewichtchen, etwa kleiner Schrotkörner, die wir je nach Bedürfnis in die unten hängende Nußschale legen. Lassen wir nunmehr auf die Wasserfläche, wie in unserer Abbildung rechts veranschaulicht, vermittelst eines Glasstäbchens einige Tropfen Äther fallen, so werden wir alsbald die interessante Wahrnehmung machen, daß die Kohäsion eine wesentliche Verminderung erfährt, denn der Ring steigt von selbst in die Höhe.

Einfaches Reaktionsrad

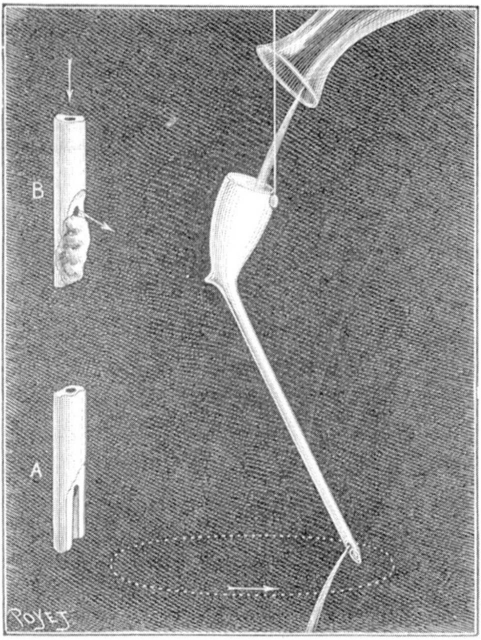

Tausendkünstler, wie wir nun einmal sind, wollen wir uns zur Abwechselung auch den Wasserdruck dienstbar machen und ein sogenanntes Reaktionsrad einfachster Art herstellen. Unter Reaktion, im technischen Sinne, verstehen unsere Maschinenbauer, wie vielleicht mancher unserer Leser schon weiß, die bei jeder Spannung oder Bewegung austretende gleich kräftige Rückwirkung oder, verständlicher gesagt, den zur Äußerung gelangenden Gegendruck, den wir u. a. sehr augenfällig beim Abfeuern eines Geschützes oder auch recht empfindlich an unserem Schulterblatt wahrnehmen, wenn wir eine Schießwaffe abfeuern. Ganz dasselbe zeigt sich bei irgendeinem Gefäß, das mit einer Flüssigkeit, mit Gas oder Dampf gefüllt ist; es lagert sich gegen alle Punkte seiner Wandungen ein überallhin gleichmäßig wirkender Druck; heben wir den letzteren einseitig auf, erfährt das Gefäß auch hier einen freilich nicht immer wahrnehmbaren, der Ausströmungsrichtung entgegengesetzten Gegendruck. Die Wirkungen dieses Gesetzes der Mechanik recht augenfällig beobachten zu können, verschaffen wir uns für einige Pfennige eine Tonpfeife und bearbeiten deren Mundstück mit einer Feile – unser Taschenmesser leistet in Ermangelung einer solchen füglich die gleichen Dienste – nach Zeichnung A und verkleben die Rohrmündung und teilweise die seitliche Schnittlinie, wie in B angegeben, bis auf eine runde Öffnung mit Siegellack. Letzteres benutzen wir auch, um am Rand des Pfeifenkopfes einen mäßig starken Bindfaden zu befestigen. Dieses einfache Maschinchen hängen wir nun am Faden auf und leiten, nachdem es nach einigen durch den Drill des letzteren hervorgerufenen Drehungen stillsteht, einen dünnen Wasserstrahl in den Pfeifenkopf. Wir werden alsbald wahrnehmen, daß sich die Pfeife hurtig im Kreis zu drehen beginnt. Wir haben damit ein richtiges, wenn auch sehr einfaches Reaktionsrad. Da wir nicht entfernt die Absicht hegen, unsere Erfindung patentieren zu lassen, vielmehr hoffen, früher oder später noch Tüchtigeres zu leisten, stellen wir diese mechanische Errungenschaft unseren Lesern recht gerne zur Verfügung.

Das Segnersche Wasserrad*

Bekannt sind die in den Gärten wohlhabender Leute vielfach zu beobachtenden kleinen, sogenannten »Wasserkünste«, bei denen das Wasser in dünnen Strahlen aus rotierenden Spitzen ausströmt, und solcherweise oft die mannigfaltigsten Ausflußformen bildet. Das Prinzip, auf dem die sehr hübsche Erscheinung beruht, ist gleich dem beim vorhergehenden Versuch bereits zur Anwendung gelangten, macht sich ganz ähnlich beim elektrischen

Flugrad geltend und manchen kleinen Drehungsapparaten für Leuchtgas. Wir können uns das Wasserrad, wie es im Bild oben dargestellt ist, mit wenig Mitteln leicht selbst erbauen, wir brauchen dazu nur eine Walnuß, zwei Haselnüsse, einige Strohhalme und als Untersatz eine verkorkte Flasche. Wir beginnen, indem wir von der Walnuß eine Kappe absägen und den Kern herausnehmen. Dann bohren wir mit einem glühenden Eisendraht an den in der Figur ersichtlichen Stellen je zwei Löcher in die drei Nüsse und erweitern sie bis zur Stärke eines Strohhalmes. Nun entfernen wir auch aus den Haselnüssen die Kerne. Endlich verbinden wir die Walnuß mit den beiden Haselnüssen durch etwa 10 cm lange Strohhalme und stecken solche auch noch in die andere Öffnung der Haselnüsse in der bildlich angedeuteten Weise. Die Halme müssen sämtlich dicht in den Öffnungen sitzen, andernfalls wir sie mit etwas Wachs oder Kitt dichten. Sind wir so weit fertig, setzen wir den Apparat mit der Walnußspitze auf den Flaschenkork, wodurch wir stabiles Gleichgewicht erzielen. Gießen wir dann vorsichtig Wasser in die Walnuß, so setzt sich der Apparat, während das Wasser durch die kurzen Strohhalme aus den Haselnüssen ausfließt, karussellartig in drehende Bewegung. Das Wasser drückt nämlich, wie schon beim letzten Versuch andeutungsweise gesagt, allseitig auf die Wände des Gefäßes; dieser Druck kommt aber nirgends zur Geltung, weil er durch den Druck auf die gegenüberliegende

Wandstelle aufgehoben wird. Beseitigen wir den letzteren aber dadurch, daß wir irgendwo eine Öffnung in der Wand anbringen, durch die das Wasser ausströmt, so kann der Druck gegenüber nun wirken und bringt an einem drehbaren Apparat, also auch hier, eine sehr lebhafte, der Ausströmung des Wassers entgegengesetzte Bewegung hervor.

* Das von Johann Andreas von Segner (9.10.1704–5.10.1777) erfundene Segnersche Wasserrad ist ein Vorläufer der modernen Pelton-Turbinen. (Anm. des Hrsg.)

Tütenwasserrad

Unser Wasserrad, sehr einfach gestaltet, bietet dem Auge nichtsdestoweniger ein entschieden recht hübsches Bild dar. Es besteht in der Hauptsache aus einer achteckigen Holzscheibe, die wir zunächst herzustellen hätten. Zu diesem Zweck ziehen wir auf dem dafür in Aussicht genommenen Brettchen mit dem Zirkel einen Kreis und in diesem den Durchmesser, den wir durch die zentrale Senkrechte kreuzen. Die so entstandenen vier rechten Winkel teilen wir mit dem Zirkel in der bekannten Weise in je zwei Hälften und ziehen vom Mittelpunkt des Kreises über die Teilungspunkte des Winkels hinweg nach der Peripherie je wieder eine Linie. Dort, wo diese den Kreis durchschneiden, tangieren wir den letzteren durch je eine Gerade, und das regelrechte Achteck ist zum Ausschneiden für die Laubsäge fertig. Sind wir auch damit zustande gekommen, versehen wir die Scheibe genau in der Mitte mit einem entsprechend weiten Bohrloch, und führen eine Achse hindurch, deren Enden auf zwei starke Drahtstützen zu ruhen kommen, die aufrechtstehend in ein ziemlich schweres Brettchen eingelassen und oben mit einer Öse für Aufnahme der Achse versehen werden. Am Umfang des Rades haben wir alsdann acht gleich große, aus festem, doch nicht zu dickem Karton verfertigte Tüten mittels kleiner Nägel anzubringen, deren Öffnungen, darauf haben wir acht, alle nach einer Seite stehen. Der größeren Dauerhaftigkeit wegen werden wir die Tüten, ebenso das Holz vor der Inbetriebsetzung des Maschinchens stark firnissen. Die treibende Kraft liefert uns das Wasser, das wir den Tüten durch Aufguß aus einer Karaffe zuführen, nachdem wir, wenn nötig, zuvor auch noch für passenden Abfluß gesorgt haben. Selbstverständlich können wir das Maschinchen auch durch einen konstanten Wasserlauf in Umlauf setzen. Mit einiger Veränderung am Gestell, und indem wir zugleich das eine Ende der Welle entsprechend verlängern, können wir dieses Tütenrad aber auch als Baggermaschine Verwendung finden lassen. Wir bedürfen dazu freilich einer zweiten Betriebskraft und verbinden in diesem Fall beide Räderwellen mit einem Treibriemen.

Wasserrad mit Schneckenhäusern

Verschaffen wir uns 12–18 Stück gleich große Gehäuse der Weinbergschnecke. Dann schneiden wir aus dünnen Holzplättchen, welche uns vielleicht Nachbar Schreiner bereitwilligst gibt, mittels der Laubsäge zwei gleich große Scheiben und stecken durch diese in der Mitte ein rundes Holzstäbchen, welches die Achse bildet. Zwischen diesen Scheiben bringen wir nunmehr an deren Peripherie die Schneckenhäuschen derart an, daß die Öffnungen nach einer Richtung und nach außen zu stehen kommen. Das Befestigen ist freilich etwas umständlich. Draht und Siegellack leisten uns nur ungenügende Dienste, wir müssen daher ein anderes Verbindungsmittel ersinnen. Am besten wird es sein, an der zugänglichen Seite jedes Gehäuses ein kleines Loch zu bohren und das Befestigen am Holz mittels kleiner Schräubchen vorzunehmen. Natürlich müssen wir dabei die richtige Stellung der Häuschen immer im Auge behalten. Wir hätten ferner an jenen Stellen der Achse, an welchen die zwei Radscheiben aufliegen, kleine viereckige Keile einzusetzen und in feste Verbindung mit der Achse und den Scheiben zu bringen, damit letztere sich nicht etwa umdrehen, wie das Wagenrad an der Achse, sondern an letzterer festhalten. Nun legen wir die Achse dieses Wasserrades auf die Gabeln der zwei auf dem Gestell ruhenden Pfosten und versehen den Boden derselben mit einer Abflußrinne. An dem auf einer Seite verlängerten Ende der Achse stecken wir einen dicken Korkpfropfen auf, um über denselben den Treibriemen legen zu können, der am besten aus einem festen, entsprechend breiten Leinenband zu bestehen hätte.

Nur noch ein kurzes Wort über den Betrieb des Wasserrades: Wird aus einem größeren Wassergefäß, welches unten nahe am Boden mit einer langen und engen Röhre versehen ist, ein Wasserstrahl auf die Öffnungen der Schneckengehäuse gelenkt, so füllen sich letztere mit Wasser, bewegen sich unter diesem Druck nach abwärts, um sich in einen untergestellten Behälter zu entleeren. Soll das Maschinchen, um damit vielleicht ein zweites, munter arbeitendes Betriebswerk in Tätigkeit zu erhalten, dauernd laufen, müssen wir für steten Zufluß sorgen.

Turbine aus Flußmuscheln

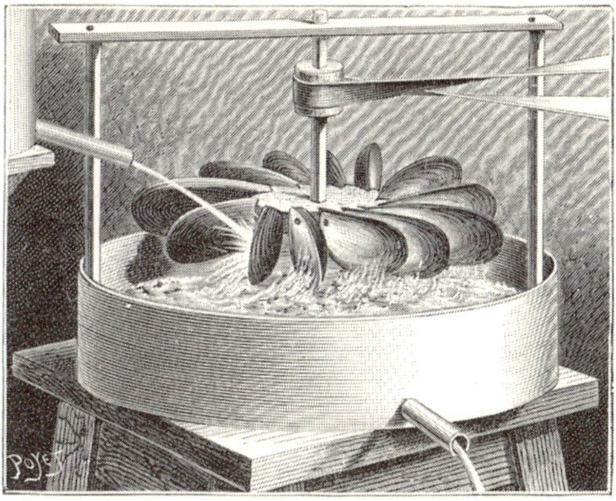

Die in der Abbildung dargestellte hübsche Turbine herzustellen, nehmen wir eine große runde Holzschachtel ohne Deckel, die sich unschwer dürfte auftreiben lassen, und setzen nahe dem Boden aus Holz oder Metall ein Abflußröhrchen ein; vielleicht findet sich irgendwo ein abgelegtes Pfeifenrohr, das sehr wohl diesem Zweck dienen kann. Damit der Behälter, also die Holzschachtel, wasserdicht sei, müssen wir die Fugen gut verkitten oder auspichen und Innenwand und Boden stark mit Lack oder Ölfarbe überstreichen. In der Mitte des Bodens setzen wir dann einen beinernen Rock- oder anderen großen Knopf ein, welcher eine kleine Aushöhlung haben muß; er soll der senkrechten Achse als Ruhe- oder Drehpunkt dienen. Nun hätten wir an zwei gegenüberliegenden Stellen der Schachtel kleine senkrecht stehende Stützen zu befestigen und an deren oberen Enden eine in der Mitte durchbohrte Leiste anzunageln. Das Mittelloch dieser letzteren muß mit der Vertiefung des Knopfes in genau senkrechter Stellung zusammentreffen, es gibt den oberen Stütz- und Drehpunkt der Achse, welche etwas länger als die Seitenpfosten und derartig hergestellt werden muß, daß sie sich unten und oben ohne Anstoß drehen kann. Nahe dem oberen Ende, also über der Mitte der Achse, stecken wir einen dicken und gleichmäßig runden Korkpfropfen an, welcher, wie ersichtlich, die Bestimmung hat, den Treibriemen aufzunehmen.

Für das Rad nehmen wir ein größeres rundes Stück Kork oder Holz, schneiden am Rand gleichmäßig große Zacken ein und befestigen an diese die Flußmuscheln mittels Schräubchen, so daß etwa zwölf Muscheln nebeneinander konzentrisch zu stehen kommen. Dieses Rad befestigen wir ebenfalls recht säuberlich an der senkrechten Welle. Wünschen wir nun die Turbine in Betrieb zu setzen, so hätten wir einfach aus einem gegenüber etwas höher gestellten Gefäß, oder besser noch mittels eines Schlauches von der Wasserleitung her einen dünnen, doch starken Wasserstrahl auf die Höhlung einer Muschel zu richten, und das sehr gefällig aussehende Maschinchen wird sich mit dem etwa beigegebenen Nebenbetriebswerke flott in Gang setzen.

Eine Pumpe ohne Kolben

Das Bild zeigt das Verfahren, eine einfache Pumpe ohne Kolben herzustellen. Je nachdem der Trichter mehr oder weniger kräftig und tief in das Wasser eingetaucht wird, kann ein Strahl bis zu 4 m Höhe emporgetrieben werden. Man versuche das Experiment, aber, wenn wir im Interesse der Hausordnung raten dürfen, nicht just im besten Zimmer, sondern dort, wo das Wasser kein Unheil anrichten kann.

Hydraulischer Motor

Ein hübsches, mit wenig Mühe und dem einfachsten Material herzustellendes Spielzeug, das sich auch praktisch verwerten läßt! Es gehören dazu: vier Welschnüsse, ein Brettchen mit vier Ständern an den Ecken, verschiedene Stäbchen, ein großer Korken, mehrere Stücke Schilfrohr, ein Stück Band und mehrere Gefäße – das ist alles. Beginnen wir mit der Herstellung der vier Ständer auf dem Brettchen, die recht festgefügt sein müssen, weil sie die Träger des Getriebes sind. Sie haben in der Breitenausdehnung zwei viereckige, nicht zu dünne Wellen zu tragen, durch die das Getriebe vermittelt wird. Die vordere derselben ist die Radwelle und muß deshalb etwas stärker sein als die hintere Transmissionswelle. Das Betriebsrad besteht aus dem Körper, den sechs Speichen und ebenso vielen Schaufeln. Den Körper machen wir aus einem großen Korkstöpsel, der so wenig als möglich porös sein muß, damit er um so mehr Halt bietet. Die sechs Speichen werden in genau abgemessenen Abständen und genau in derselben Ebene darin befestigt, so daß zwei gegenüberstehende Speichen jedesmal eine gerade Linie bilden. An den Enden der Speichen befestigen wir die Nußschalen. Alles dieses muß recht exakt gearbeitet sein und festsitzen, wenn ein regelmäßiger Gang des Apparates erzielt werden soll. Neben dem Betriebsrad kröpfen wir ein Transmissionsrädchen auf, das ebenfalls aus Kork bestehen kann. Ihm muß auf der gegenüberliegenden Welle ein zweites Transmissionsrädchen entsprechen, und sie beide werden durch das ziemlich fest angezogene Transmissionsband verbunden. An dem vorderen Ende der Transmissionswelle bringen wir dann noch einen Krummzapfen an und an diesem wieder eine Lenkstange.

Zur Herstellung der Betriebskraft dient ein Wasserbehälter und ein Heber. Der letztere muß eine etwas erhöhte Stellung einnehmen. Je höher er steht, um so mehr Kraft kann entwickelt werden. Den Heber fertigen wir nach unserem Bild aus einer welschen Nuß und drei Schilfrohrstücken. Das Ausflußrohr muß natürlich doppelt so lang sein als die Saugröhren. Um den Heber in der nötigen festen Lage zu erhalten, müssen ferner die Saugröhren durch ein an einem Bindfaden befestigtes Steinchen oder Metallstückchen beschwert werden. Saugen wir an dem Ausflußrohr, bis Wasser kommt, so wird dasselbe in ununterbrochenem Strahl aus dem Behälter fließen, so lange als die Saugröhren eingetaucht sind. Ist der Heber somit in Tätigkeit gesetzt, so bringen wir ihn in die Stellung, daß der ausfließende Wasserstrahl auf die Schaufeln des Wasserrades fällt. Das abfließende Wasser fangen wir in einem untergestellten Gefäße auf und füllen aus diesem, sobald es beginnt voll zu werden, das Reservoir nach. – Wie der Leser aus der Abbildung ersieht, hat der Zeichner den Apparat, unseren Intentionen folgend, vermittelst einer Lenkstange mit einem Butterbereitungsmaschinchen in Verbindung gebracht. Um dieses letztere herzustellen, wäre vor allem ein passendes Gefäß mit Deckel zur Aufnahme des Rahmes nötig, ebenso die Vervollständigung der an dem Krummzapfen befestigten Lenkstange durch eine mehrfach durchlöcherte Scheibe, bestimmt, den Rahm zu bearbeiten. Die mit dieser Scheibe versehene Lenkstange macht, sobald die Maschine in Betrieb ist, zwei verschiedene Bewegungen. Die eine geht auf und nieder, ist also eine vertikale, die andere geht hin und her, ist also eine horizontale. Beide Bewegungen haben genau die Ausdehnung der doppelten Länge des Krummzapfens. Man hat es also in der Hand, diese Bewegungen nach Belieben zu verlängern oder zu verkürzen. Für den vorliegenden Fall empfiehlt es sich aber, sie nicht zu lang zu nehmen, weil sonst das Rahmgefäß zu weit sein müßte, was der Butterbereitung Eintrag täte.

Kürbis als Springbrunnen

Jüngst lernten wir einen jungen Mann kennen, der in den Freistunden seine Befriedigung darin sucht, mit den einfachsten Mitteln allerlei Apparate herzustellen. Er hat, wie man uns erzählte, für die Mechanik ein entschieden ausgesprochenes Talent und verspricht, bei zweckmäßiger Ausbildung, später einmal ein recht tüchtiger Maschinentechniker zu werden. Sein nie rastender Geist hat schon ganz prächtige Maschinchen ersonnen, und was das Erstaunliche ist, er geht mit Rücksicht auf seine sehr karg bestellte Sparkasse stets mit den lächerlich einfachsten Mitteln zu Werke. So war er unlängst unter anderem auch auf die Idee gekommen, aus einem gewöhnlichen Kürbis einen Springbrunnen zu verfertigen. Das kleine Kunstwerk des erfinderischen Kopfes funktioniert vortrefflich und gefiel uns derart, daß wir ihn baten, eine Anleitung niederzuschreiben. Hier ist sie: Nimm einen möglichst großen Kürbis, zerteile ihn in zwei ungleiche Hälften und schneide aus der größeren ein Stück, B C F s. Fig. 2, das später zur Anfertigung kleinerer Ersatzstücke dienen soll. Höhle hieraus die größere Hälfte aus und du hast für deinen Springbrunnen das Unentbehrlichste, nämlich das Wasserreservoir fertig. Dieses hättest du am Boden mittels des Federmessers mit einem Loch (E) zu versehen, durch das du als Abflußrohr einfach einen der hohlen Blattstiele steckst. Nun suche für das Gefäß einen beliebigen, jedenfalls aber erhöhten Standpunkt, etwa einen Baum, dessen untere Äste gewöhnlich einen sehr guten Stützpunkt dafür bilden. Nun sollen auch die übrigen Blattstiele zur Verwendung kommen. Sie sind, wie schon gesagt, hohl, und verjüngen sich nach oben zu. Nimm einen davon und schiebe ihn über das Abflußrohr, an den ersten stecke einen zweiten und so fort, bis eine Leitung hergestellt ist, die herunter auf den Boden reicht. Nun nimm die kleinere Kürbishälfte (B C D Fig. 2), die als ganz vortreffliches Bassin dienen kann. Höhle auch sie aus und bohre ebenfalls ein Loch in den Boden, das sich von innen nach außen erweitert, so daß auch hier ein Blattstiel bequem und dichtsitzend eingeführt werden kann. Ist dies geschehen, verbinde diesen ganz nach deinem Wunsch ober- oder unterirdisch mit der übrigen Leitung. Ein geeignetes Mundstück zu erhalten, nimm aus dem zurückgelegten Teil BCF ein

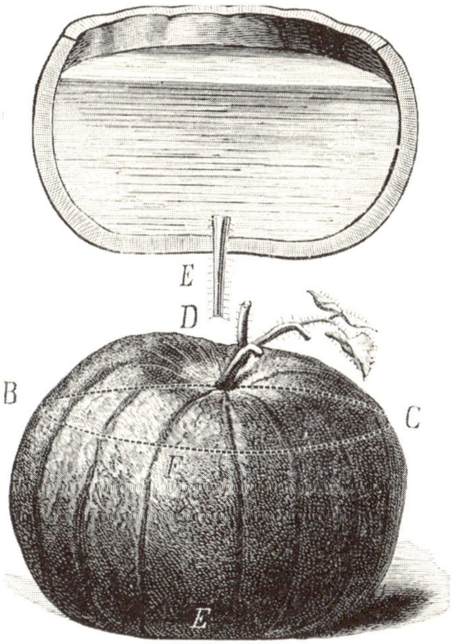

Durchschnitt des Wasserbehälters und die Art der Zerlegung des Kürbisses.

schmales Stück Kürbisfleisch. Es soll mit einer Stricknadel durchbohrt und in das letzte Stielstück geschoben werden. Wenn du endlich noch die Leitungsstiele mit Bast an dem Baumstamm befestigst (Fig. 1) und das auf dem Baum befindliche Reservoir mit Wasser füllst, kann dein Werk sofort in Betrieb gesetzt werden. Ein feiner Strahl wird mehrere Fuß hoch emporsteigen, und mit leisem Geplätscher in das Wasser zurückfallen. Der solchermaßen hergestellte Springbrunnen wird tagelang Dienste tun, ohne daß eine Ausbesserung nötig wäre.

Die Briefwaage in der Sommerfrische

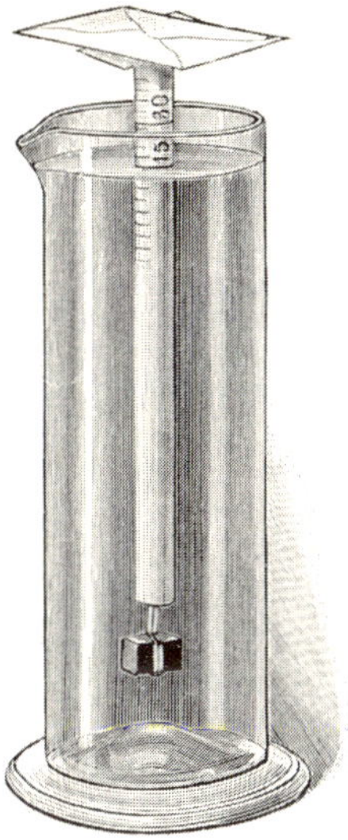

Wir sitzen in der Sommerfrische, in einem kleinen Luftkurort des Schwarzwaldes, im Riesengebirge oder gar im schönen Land Tirol. Es regnet und regnet in einem fort; das ist uns natürlich höchst unerwünscht, denn man kann sich kaum vor die Haustür wagen. Die Langeweile hat sich dann allmählich pflichtschuldigst eingefunden, wir gähnen und fragen: was beginnen? Am besten, wir schreiben Briefe; einen nach Haus, einen zweiten an einen

Freund, dem wir lange schon einen Brief schuldig sind. Dieser letztere Brief ist, weil wir nebenher unserem Unmut über das schlechte Wetter einigen freien Lauf gelassen haben, etwas lang geworden, er umfaßt zwei Bogen Papier, dazu der Briefumschlag; wird das 10 oder 20 Pfennig Porto kosten? Sparsam sein möchten wir und doch auch den Freund nicht durch Strafporto ärgern. Aber das Postamt ist weit entfernt von unserer Einsiedelei, und dieser Regen, dieser häßliche Regen! Einen Briefkasten haben wir am Haus, der gibt aber keine Auskunft über das Gewicht eines Briefes. Da auch unsere schlichten Wirtsleute keine Briefwaage besitzen, bleibt nichts anderes übrig, als daß wir uns, der Langeweile zum Trotz, selber eine solche machen. Gewichtstücke besitzen wir ja genug: ist uns doch hinlänglich bekannt, daß jedes Zweipfennigstück ziemlich genau $3^1/_2$ g wiegt. Aber nun die Waage selbst, wie die zustande bringen? Da finden wir im Gartenhaus unter der Bank einen alten Besenstiel; fix wird ein 25 bis 30 cm langes Stück abgesägt, am unteren Ende binden wir ein Stückchen Blei oder Eisen an, am oberen Ende befestigen wir eine Visitenkarte quer durch ein kleines Nägelchen. Schnell langen wir in unserem Rucksack nach einer leeren Einmachbüchse, füllen sie alsdann mit Wasser und senken den Besenstiel hinein. Da die Belastung nicht zu groß ist, so tritt das Holz mit seiner Kartenwaagschale etwas aus dem Behälter heraus. Nun legen wir vier Zweipfennigstücke (etwa 14 g) auf die Visitenkarte und sehen den Stiel etwas tiefer einsinken. Mit Bleistift machen wir an der betreffenden Stelle des Stieles einen Strich und prüfen noch einmal, ob das Holz richtig bis zu dem Bleistiftstrich einsinkt. Dann nehmen wir die Geldstücke weg und legen den Brief auf die Waagschale: richtig, die Waage sinkt nicht ganz bis zum Bleistiftstrich ein. Zehnpfennigmarke darauf, und schwapp den Brief in den Postkasten am Haus! Er kostet richtig kein Strafporto!

Die rastlose Weinbeere

Bei einer Geburtstags- oder sonstigen Freudenfeier, wenn beim Toast auf das Festkind der Kelch gefüllt mit Schaumwein kreist, haben wir Gelegenheit, eine sehr interessante Erscheinung zu beobachten. Wenn wir nämlich eine frische oder getrocknete Weinbeere in das champagnergefüllte Glas werfen, werden sich sogleich eine größere Anzahl Gasperlen an dieselbe hängen. Die Beere steigt an die Oberfläche der Flüssigkeit, wo die Gasbläschen platzen, worauf sie wieder untersinkt, um das Emporsteigen alsbald von neuem zu unternehmen. Die Weinbeere wird von den Gasperlen emporgetragen, welche im Schoß des Getränkes gleichsam die Rolle winziger Luftballons spielen.

Ein billiger Wasserfilter

Sie wünschen reines Trinkwasser und zu diesem Zweck einen billigen Wasserfilter? Nichts leichter als das. Haben Sie eine Tonpfeife mit ziemlich großem Kopf zur Hand und ein Stück Gummischlauch, können wir den erwünschten Wasserreiniger sogar selbst herstellen. Geben Sie acht! Den Kopf der Pfeife füllen wir bis zu drei Vierteln mit kleinen Holzkohlenstückchen, ohne dieselben jedoch fest zu stopfen. In die durch die Kohlenstückchen sich bildenden Zwischenräume versenken wir klaren Kohlenstaub.

Zuvor aber haben wir auf den Boden des Kopfes, um das Eintreten der Kohlenstückchen in die Röhre zu verhindern, einen kleinen Wattepfropfen plaziert.

Nach geschehener Füllung verschließen wir den Pfeifenkopf mit einem runden Korken, legen ihn in das zu reinigende Wasser und der eigentliche Filter ist fertig.

An das Ende der Röhre schieben wir dann ein Stück Gummischlauch und lassen das Ende desselben tiefer herabhängen als den Pfeifenkopf. Röhre und Schlauch bilden solchermaßen nichts anderes als einen Heber. Unter den Abflußschenkel stellen wir das für die Aufnahme des gereinigten Wassers bestimmte zweite Gefäß. Nehmen wir nun das Ende des Schlauchs in den Mund, saugen es ziemlich stark an, wird alsbald Wasser erscheinen, und langsam aber sicher die untere Flasche sich füllen.

Soll das Laufen des Wassers unterbrochen werden, haben wir das Ende der Röhre einfach nur mittels eines Quetschhahnes zu verschließen. Dieser letztere besteht aus einem Stück gebogenen Drahtes, wie in unserer Figur links dargestellt. Durch das Loch C wird das Schlauchende eingeführt, nachdem man die Enden des Drahtes bei A und B aufeinandergedrückt hat. Durch den Druck auf A und B vergrößert sich die Öffnung C. Hat man den Gummischlauch durch das Loch C geschoben, so läßt man mit dem Druck nach und sofort ist der Schlauch geschlossen.

In jedem Haushalt, wo der Ruf nach reinem Trinkwasser sich vernehmen läßt, zu verwenden.

Fischlein, schwimm!

Wir schneiden aus gewöhnlichem Schreibpapier eine etwa 5 cm lange Fischform und wollen dabei nicht die Schwanz-, Rücken- und Bauchflossen vergessen; daher wird es gut sein, wenn wir die Kontur zuvor aufzeichnen. Aber nicht genug damit, wir zeigen bei dieser Gelegenheit auch unsere künstlerische Begabung, greifen nach dem Farbenstiftkästchen und verleihen dem Fischlein sein möglichst natürlich nachgebildetes Schuppenkleid, den Rücken dunkel graubraun gehalten, dem Bauch zu heller: braungelb, ins Violette übergehend, bis weiß. Soll es gar eine Forelle sein, dann vergessen wir nicht die bekannten über den ganzen

Körper des muntern Schwimmers verstreuten schwarzen Tupfen. Sind wir mit unserer Leistung zufrieden, dann schneiden wir ferner mit der Schere vom Schwanz ab in der Richtung der Längsachse einen schmalen Streifen bis ungefähr zur Mitte heraus (siehe die Abbildung) und erweitern das Ende zu einem kreisrunden Ausschnitt. Dann füllen wir eine flache Schüssel mit Wasser und legen das Fischlein vorsichtig auf die Wasserfläche, so daß die Oberseite des Papiers vollkommen trocken bleibt. Nun gilt es, daß das Fischlein schwimme. Wie glaubt der verehrte Leser, daß wir das fertig bringen? Mit Blasen etwa? Nein, das machen wir viel besser, viel interessanter. Wir nehmen ein Ölkännchen, wie solches im Utensilienschatz jeder Nähmaschine vorhanden ist, halten seine Ausflußspitze genau über das kreisförmige Loch in dem papierenen Fisch und lassen einen Tropfen Öl gerade hineinfallen. Dieser will sich alsbald auf dem Wasser ausbreiten, findet sich aber durch den Rand des Kreisausschnittes behindert, und fließt daher schnell durch den schmalen Kanal dem Schwanzende zu und aus diesem heraus. So wie nun eine Kanone beim Abfeuern eines Schusses nach rückwärts bewegt wird, so schwimmt jetzt der Papierfisch infolge des Rückstoßes in einer dem Lauf des Öls entgegengesetzten Richtung, d. h. nach vorne. Der Leser versuche es, er wird damit am Familientisch namentlich der Jugend, aber auch sich selbst viel Vergnügen bereiten.

Ein Kampferschiffchen

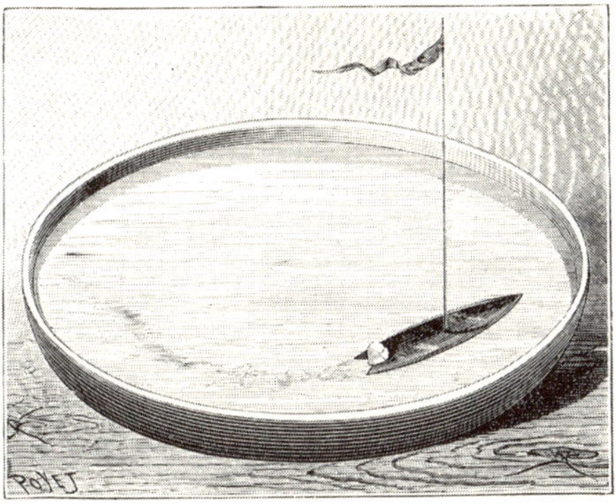

Unsere Abbildung zeigt ein mit der Schere aus einem Stückchen Zinnfolie ausgeschnittenes Schiffchen, das auf seiner hinteren Seite, also am Heck, flach ist, und einen kleinen Ausschnitt erhalten hat. Der Leser versuche es nachzubilden, es ist keineswegs schwer. Da wir es lieben, daß alles, das wir fertigen, ein recht hübsches, dem Auge gefälliges Aussehen habe, können wir dem kleinen Fahrzeug, aus einem Strohhalm gefertigt, einen kleinen Mast verleihen, und auf dessen Spitze zum Schmuck einen bunten Wimpel anbringen. Wer ein übriges tun will, kann das Deck des Bootes auch noch mit kleinen Papiermatrosen und einigen bunt bemalten Papierpassagieren bevölkern, Männer und Frauen aus aller Herren Länder, wobei wir nicht vergessen, dem

Herrn Kapitän eine bevorzugte Stelle einzuräumen. Sind wir solcherweise mit unseren künstlerischen Bestrebungen zustande gekommen, dann endlich zu unserem Experiment, das ja sehr interessant zu werden verspricht. Wir setzen unser Kunstwerk zunächst zu Wasser, es schwimmt vortrefflich. Sobald wir nun auf den Ausschnitt am Heck mit einer Pinzette vorsichtig einen Tropfen Alkohol bringen, so daß er mit dem Wasser etwas in Berührung kommt, zeigt sich eine plötzliche und heftige Vorwärtsbewegung des Fahrzeuges, so heftig, daß wir befürchten müssen, unsere Passagiere werden am Ende gar die Seekrankheit bekommen. Die Erklärung dieser Erscheinung, nämlich der Vorwärtsbewegung, nicht der Seekrankheit, ist einfach: Das Boot ist im Bug, also vorn und an den Seiten von reinem Wasser umgeben, welches dem Schiffchen weitaus leichter Raum zu geben vermag, als das mit Alkohol vermengte Wasser an dem Heck des Bootes; letzteres wird sich infolge der Druckdifferenz vorwärts bewegen. Den gleichen hübschen Effekt erzielen wir, wenn wir statt des Alkohols andere flüchtige Substanzen, wie z.B. Äther, Chloroform, Öle usw. anwenden, wie wir schon bei dem schwimmenden Papierfisch erfahren haben. Die Bewegung wird je nach der Art der verwendeten Substanz eine mehr oder weniger energische sein. Legen wir aber an der gleichen Stelle Kampfer auf, bewirken seine Dämpfe nicht nur ganz dieselbe Erscheinung, sondern sie verleihen dem Boot stundenlang einen ganz regelmäßigen Gang.

Kampferschiffchen als Lastboot

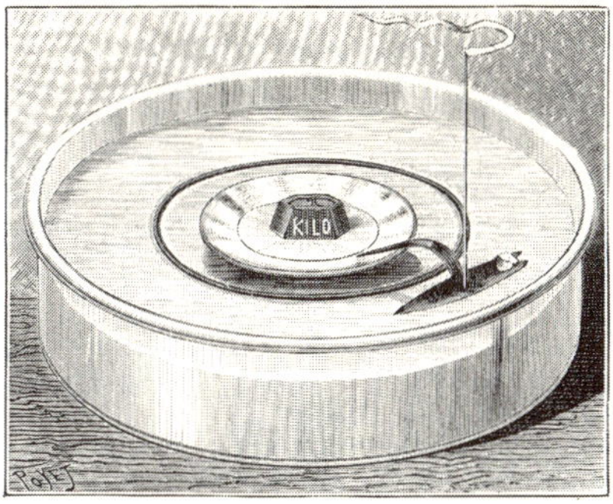

Das zuletzt geschilderte Experiment läßt sich in einer sehr hübschen Weise erweitern, insofern, als das bewimpelte Zinnschiffchen auch als Lastboot verwendet werden kann. Zu diesem Zweck setzen wir auf das in dem Behälter befindliche Wasser ein großes Uhrglas als Schwimmer und stellen zwischen dem Rand dieses Schwimmers und dem Fahrzeug durch leichten Messingdraht eine feststehende Verbindung her. Sobald wir, wie zuvor, Kampfer auflegen, wird sich auch unter solcher verhältnismäßig schwerer Belastung das Schiffchen vorwärts bewegen, wenn auch etwas langsamer. Ja, wir können unserem Lastboot eine noch viel größere Arbeitsleistung zumuten; die Bewegung wird sich erhalten, selbst dann, wenn das gezogene Gesamtgewicht 1 kg beträgt.

Die Versuche werden übrigens ergeben, daß die Fahrt des Schiffchens immer dann ein Ende hat, wenn das Wasser mit einem, wenn auch noch so dünnen fettigen Häutchen überzogen ist. Aus diesem Grund mag der Experimentierende, der den Versuch wiederholen will, das Wasser an der Oberfläche dadurch reinigen, daß er ein entsprechend großes Löschpapier darauflege, und dasselbe, nachdem es sich vollgesogen hat, wieder entferne.

Bei diesem Experiment werden wir überdies die Erfahrung machen, daß der Kampfer die merkwürdige Eigenschaft hat, sich auf einer Wasserfläche scheinbar willkürlich zu bewegen. Die Ursache dieser Erscheinung beruht auf dem Ausströmen von Dämpfen, die der sich schnell verflüchtigende und daher stark riechende Kampfer ununterbrochen ausstößt. Wir können sie zu einem weiteren hübschen Experiment von überraschendem Effekt ausnützen. Wenn wir nämlich zwei Kampferstückchen dicht nebeneinander auf Wasser legen, so fangen alsbald beide an sich zu bewegen, sie verlieren aber dabei ihren Zusammenhang nicht, da die Kohäsion sie zusammenhält. Diese eigentümliche Erscheinung zeigt sich auch dann noch, wenn wir eine größere Anzahl Kampferstückchen auf das Wasser plazieren, so daß sie eine Reihe oder sonst eine Figur bilden. So kann man bei einigem Geschick das Bild eines Krebses künstlich herstellen. Bald wird er anfangen die Beine und den Schwanz zu bewegen, und es wird den Anschein haben, als wenn wir einen natürlichen Wasserbewohner vor uns hätten.

Beweglicher Bärlappsamen

Wir haben bei einigen vorausgegangenen Versuchen bereits die Erfahrung gemacht, daß die Oberflächenspannung bei verschiedenen Flüssigkeiten verschiedene Grade aufweist; es läßt sich durch ein einfaches Experiment aber auch zeigen, daß sie bei derselben Flüssigkeit verschieden ist, wenn die Temperatur wechselt.

Stellen wir ein flaches Gefäß aus Weißblech (etwa den Deckel einer Biskuitschachtel) waagerecht auf zwei Bücher, die wir nach unten zu etwas spreizen, daß sie feststehen, und gießen in das Gefäß wenig kaltes Wasser ein. Auf das letztere streuen wir Bärlappsamen oder Schwefelblüte, die wir in jeder Drogerie für wenige Pfennige erhalten. Legen wir nunmehr von unten irgendwo den warmen Finger an das Gefäß, so zeigt das unmittelbar darüber befindliche Wasser insofern sehr bald ein anderes Verhalten, als das Pulver an dieser Stelle die Oberfläche verläßt, so daß hier eine leere Stelle entsteht. Noch schneller tritt natürlich die Wirkung ein, wenn wir statt des Fingers ein brennendes Streichholz, oder sonst einen schwachen Wärmespender anwenden.

Haben wir aber zwei flache, durch einen Kanal miteinander verbundene Gefäße zur Hand, so daß der gesamte Grundriß Ähnlichkeit mit einem H hat, so können uns auch diese zu interessanten Vergleichen zwischen den in beiden Gefäßen herrschenden Oberflächenspannungen dienen. Wir füllen zu diesem Zweck das Ganze mit Wasser und streuen in der Mitte des Kanals senkrecht zu seiner Richtung eine Linie Bärlappsamen. Gießen wir nun einen Tropfen Öl auf das Wasser in dem einen Gefäß, so vermindert sich bei ihm die Spannung, und der Bärlappsamen bewegt sich nach dem anderen Gefäß hin; erwärmen wir aber nun schnell das Wasser in letzterem, so vermindert sich auch in ihm die Spannung, und das Pulver kehrt zurück. Wir wissen dann, daß Öl von einer gewissen Temperatur dieselbe Oberflächenspannung hat, wie Wasser von einer gewissen anderen höheren Temperatur.

Wasserstrahl und Elektrizität

Man sollte es kaum glauben, daß uns auch die Konstitution des einfachen Wasserausflußstrahles Gelegenheit zu interessanten Beobachtungen gibt, also einer jener vielen Vorgänge, denen wir täglich gegenüberstehen, ohne daß wir sie beachten, obwohl es sich dabei oftmals um Dinge von geradezu grundlegender Bedeutung handelt.

Um also die Kräftespannungen, die in einem Ausflußstrahl vorhanden sind, näher zu betrachten, müssen wir einen parabolischen Wasserstrahl in möglichst konstanter, d. h. gleichmäßiger, unveränderlicher Weise fließen lassen. Dies erreichen wir am besten unter Benutzung einer Wasserleitung. Wir befestigen an ihr einen Gummischlauch und lassen diesen in eine Glasröhre endigen, deren Öffnung 1 bis 2 mm Durchmesser hat. Alsdann öffnen wir den Wasserleitungshahn so viel, daß der ausströmende Strahl etwa 1 m hoch steigt, und befestigen endlich das Mündungsrohr in schräger Richtung. Was nun das innere Gefüge des entstehenden Wasserstrahles anlangt (Fig. 1), so kann man an ihm drei Teile unterscheiden: 1. einen kontinuierlichen Stamm, der durchaus klar, durchsichtig und unbeweglich aussieht, 2. einen trüberen und unruhigeren Teil, an dem bereits einzelne Tropfen zu unterscheiden sind, 3. einen völlig in kleine Tropfen aufgelösten Teil. Halten wir aber dann eine durch Reiben elektrisch gemachte Siegellackstange* nahe an das Glasrohr, so ändert sich plötzlich das Gefüge des Strahles, indem er nicht mehr in die genannten drei Teile zerfällt, sondern sich vollkommen in große Tropfen auflöst, die im übrigen die bisherige parabolische Bahn vollständig beibehalten (Fig. 2). Während bisher die kleinen Tropfen beim Herabfallen das Geräusch eines gewöhnlichen Regens hervorriefen, glaubt man jetzt die bekannten talergroßen Tropfen beim Ausbruch eines Gewitters fallen zu hören, besonders wenn man den Wasserstrahl auf Papier fallen läßt.

* Statt der Siegellackstange kann man auch Kunststoffgegenstände wie zum Beispiel einen Kamm benutzen. (Anm. des Hrsg.)

Die Likörtropfen auf dem Kaffee

Die Oberflächenspannung ist, wie schon früher angedeutet, nicht bei allen Flüssigkeiten gleich groß, so ist sie z. B. bei Wasser größer als bei Alkohol. Letzteres läßt sich ganz leicht nachweisen. Wir gießen auf die Unterseite einer umgedrehten Untertasse Kaffee, und zwar so viel, daß das Porzellan innerhalb des unteren Randes gerade bedeckt wird. Alsdann greifen wir nach der Schnapsapotheke, wählen eine Likörflasche und lassen aus ihr mit Vorsicht und Bedacht einen Tropfen ihres Inhalts mitten auf den Kaffee fallen. Sofort entsteht zu unserer Überraschung an der Einfallstelle in der Kaffeeflüssigkeit eine Vertiefung, so daß das weiße Porzellan zum Vorschein kommt. Sehen wir genauer zu, so erkennen wir, daß an den Rändern des so entstandenen weißen Flecks eine heftige Bewegung, eine Art Kampf zwischen Kaffee und Likör (d. h. zwischen Wasser und Alkohol) stattfindet. Als Sieger aus diesem Kampf geht das stärkere Wasser hervor, denn es zerreißt gleichsam die Oberfläche des Alkohols und entführt ihn nach allen Richtungen. Dadurch entsteht dann eine Vermischung von beiden, und die Öffnung schließt sich wieder. Machen wir den Versuch auf der Oberseite der Untertasse, die wir vorher vollständig angefeuchtet haben, so steigt der Kaffee an den Rändern in die Höhe, um dann in kleinen Kaskaden zurückzukehren. Der Leser ersieht hieraus, daß uns auch die Herrlichkeiten eines gedeckten Kaffeetisches, die wir sonst einfach nur aufzuschnabulieren pflegen, zu interessanten und lehrreichen Beobachtungen Gelegenheit geben können.

Übrigens äußern sich die Oberflächenspannungen nicht allein in verschiedenen Größen, sondern auch in gegenseitigen Anziehungen und Abstoßungen, wie wir dies schon bei einem früheren Experiment als Nebenerscheinung kennengelernt haben. Das können wir deutlich beobachten, wenn wir nicht allzuweit voneinander zwei Korkstöpsel auf Wasser setzen, sie werden alsbald das Bestreben zeigen, sich aneinanderzulegen. Tränken wir aber den einen der beiden, ehe wir sie schwimmen lassen, mit flüssigem Paraffin, so stoßen sie sich lebhaft ab.

Otto v. Guerickes Versuch mit den Halbkugeln durch zwei Trinkgläser nachgeahmt

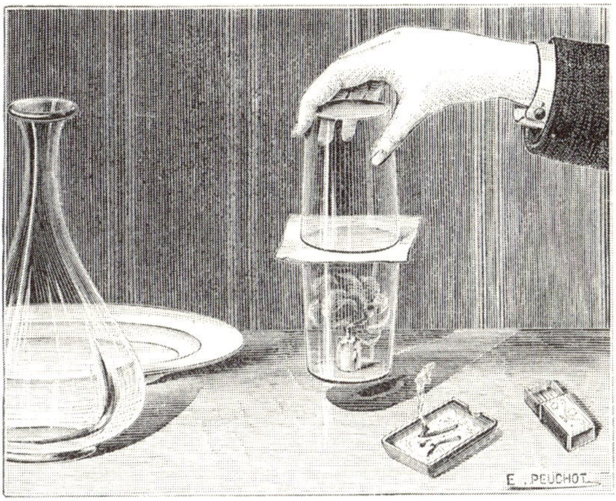

Otto v. Guerickes Versuch mit den berühmten Magdeburger Halbkugeln hatte den Zweck, die Gewalt des Luftdruckes festzustellen. Es waren dies zwei aus Messing und Kupfer bestehende hälftige Kugeln ziemlicher Größe, wovon die eine mit einer Röhre versehen war. Guericke legte sie aufeinander, so daß sie eine Vollkugel bildeten, und ließ mittels der Luftpumpe die Luft auspumpen. Es zeigte sich bei seinen Versuchen, daß nur die vereinte Kraft von mehr als 30 zu beiden Seiten angespannten Pferden imstande war, die Halbkugeln auseinanderzureißen. Dies ist nun nichts Neues, interessant wird dem Leser aber sein, zu erfahren, daß wir eben dieses geschichtlich vielgerühmte Regensburger Reichstagsexperiment einfach mit Hilfe zweier Trinkgläser nachahmen können. Zu diesem Zweck wählen wir zwei Gläser gleicher Größe und überzeugen uns, daß sie, aufeinandergestellt, Rand auf Rand genau zusammenpassen. Wir befestigen dann auf dem Boden des einen Glases das Stümpfchen einer Wachskerze, setzen das Glas auf den Tisch und zünden den Licht- und Wärmespender an. Alsdann suchen wir ein entsprechend großes Stück starken Papiers hervor, befeuchten es mit Wasser und bedecken damit das Glas. Nun nehmen wir das zweite und stülpen dasselbe, wie auf unserer Abbildung ersichtlich, darüber. Soll das Experiment gelingen, muß die Adhäsion zwischen den beiden Gläsern, die durch das Papier geschieden sind, eine vollständige sein. Das Kerzenlicht wird nach diesen Vorgängen bald verlöschen, aber es hat die in dem unteren Glas enthaltene Luft in beträchtlicher Weise verdünnt. Heben wir das obere Glas empor, wird das untere an dem ersteren hängenbleiben. Der äußere atmosphärische Druck hält die beiden Trinkgläser fest aneinander, ebenso wie in dem klassischen Experiment die luftleer gemachten Magdeburger Halbkugeln aneinander hafteten. Zuweilen allerdings platzt das zwischen den Gläsern liegende Papier, aber das Experiment, wenn nur die übrige Anordnung eine korrekte war, gelingt dennoch.

Das in die Flasche getriebene Ei

Auch ohne daß wir im Besitz einer Luftpumpe sind, läßt sich leicht beweisen, daß dichtere Luft einen weitaus stärkeren Druck ausübt, als verdünnte. Um den Beweis dafür zu erbringen, erbitten wir uns von der Hausfrau ein hartgesottenes Ei und holen uns mit ihrer Erlaubnis aus der Küche oder vom Büffet eine gewöhnliche Wasserflasche*. Vom ersteren entfernen wir recht säuberlich die Schale, und verfertigen uns dann aus gewöhnlichem Zeitungs- oder Schreibpapier in der bekannten Weise einen Fidibus. Diesen letzteren setzen wir in Brand und werfen ihn brennend in die Flasche. Was geschieht? Die in der Flasche befindliche Luft wird durch die Wärme alsbald ausgedehnt und tritt teilweise aus, so daß also schon nach kurzer Zeit nur sehr wenige verdünnte und erwärmte Luft in der Flasche vorhanden ist. Nun setzen wir das geschälte Ei wie einen Stöpsel auf den Flaschenhals, ohne aber dabei das Ei in die Flasche hineinzudrücken. Was erfolgt? Die in der Flasche befindliche Luft wird sich, da der Fidibus ja schnell verbrannt sein wird und dann nicht mehr Wärme spendet, nach und nach abkühlen und zugleich wieder verdichten. Es entsteht dadurch ein luftverdünnter Raum, der Veranlassung zu einer höchst eigentümlichen Erscheinung und zu einer endlichen Katastrophe gibt. Das Ei wird sich nämlich, dem atmosphärischen Druck weichend, allmählich nach unten zu, der Wandung des Flaschenhalses eng sich anschließend, schlangengleich verlängern, immer schneller in den Hals hinabgleiten und schließlich mit lautem Knall auf den Boden der Flasche niederfallen.

Wir haben es nicht versucht, aber das Experiment dürfte sich auch mit anderen Mitteln, z. B. mit einem Gummiball, mit einer weichen Kartoffel oder mit Früchten, wie großen Zwetschgen u. dergl. darstellen lassen, der untersuchungslustige Leser mag es immerhin versuchen.

* Mit modernen Wasserflaschen funktioniert dieses Experiment nicht. Sie haben einen zu engen Hals. Statt dessen sollte man Milchflaschen nehmen. (Anm. des Hrsg.)

Die freihängende Münze

Unter die scheinbar unlöslichen Aufgaben, die nur der Eingeweihte ohne weitere Mühe vollbringt, gehört auch die, ein kleines Geldstück, etwa ein Zehnpfennigstück, ohne Anwendung von Klebstoffen oder mechanischen Vorrichtungen an einer vertikalen Holzfläche, etwa an einer Schrankwand, zu befestigen. Während der Uneingeweihte dies und jenes, aber schließlich alles vergeblich versucht und über seine Mißerfolge vielleicht recht unglücklich ist, ergreift der Kenner des kleinen Experiments die Münze mit den Fingerspitzen und reibt das Geldstück einfach einigemal recht energisch auf der betreffenden Fläche hin und her, hält in der Bewegung plötzlich inne, drückt die Münze kräftig an und siehe da – sie hält an der Wand fest. Stellen wir nun an die einigermaßen verwunderten Anwesenden die Frage, durch welche Kraftäußerung das Geldstück haften bleibt, wird man uns wahrscheinlich die Antwort geben: durch die Adhäsion. Der kluge Mann hat aber weit fehlgeschossen, es scheint zwar so, als ob die Adhäsion als bewirkende Kraft dabei im Spiel wäre, aber es trifft nicht zu. Sie kann allerdings die Anziehung zweier Flächen bewirken, nachdem sie die unmittelbare Berührung zweier Körper zur Voraussetzung hatte. Diese letztere, die Berührung, ist um so inniger, je größer die Berührungsflächen sind, und wächst mit der Genauigkeit, mit welcher sich die Körper aneinander anschließen. Wir haben schon bei einem früheren Experiment von einem Schlosserkunststückchen berichtet, das in dieser Beziehung besonders charakteristisch ist. Ebenso haften je eine glattpolierte Silber- und eine Kupferplatte, aufeinandergelegt, so fest aneinander, als wenn sie einen einzigen festen Körper bildeten. Hierher gehört auch die Erscheinung, daß die Kohle oder der Bleistift, wenn wir zeichnen oder schreiben, auf dem Papier oder der Leinwand haften bleibt. Bei unserem physikalischen Scherz aber wird durch das Reiben und das plötzliche Aufdrücken die wenige Luft, die zwischen dem Gepräge der Münze Platz hatte, erwärmt und nahezu verdrängt und die äußere Luft übt nun einen Druck auf das Geldstück aus, stark genug, es an der Wand festzuhalten.

Marsch heraus und – marsch hinein!

Einst beobachteten wir einen Kellner, der eine Flasche verstöpseln wollte; er hatte einen zu dünnen Korken gewählt, natürlich fiel er in die Flasche und wollte nicht wieder heraus, obwohl der junge Mann das Gefäß versuchsweise auf den Kopf stellte. Doch er wußte sich zu helfen. Er nahm einen Bindfaden mit der einen Hand an beiden Enden und ließ den Doppelfaden mit dem unteren Ende, also mit der so gebildeten Schlinge, in die Flasche hinab, stellte nun die Flasche auf den Kopf, wodurch der Korken nach einigem Schütteln zwischen den Doppelfaden so zu liegen kam, daß dieser ihn umfaßte, und dann zog er den Korken mühelos heraus. Das Experiment hatte uns gefallen, und als uns später einmal ganz dasselbe Ungefähr betraf, suchten wir es zu wiederholen. Zufällig hielten wir damals die Flasche horizontal, dadurch schob sich der Korken ein wenig in den Flaschenhals, und nun versuchten wir ihn in die Flasche zurückzublasen. Als wir aber den Mund an die Flasche setzten und kräftig bliesen, ging der Korken nicht hinein in die Flasche, sondern flog zu unserer nicht geringen Überraschung heraus. Wie kam das? Ganz einfach: die an dem Korken vorbei in die Flasche eindringende Luft verdichtete die schon in ihr vorhandene, und die so komprimierte Luft drückte von innen auf den Korken und trieb ihn heraus. Die so erkannte Tatsache gab uns damals viel zu denken und drängte uns die Frage auf, ob es denn unmöglich sei, umgekehrt den Korken in derselben Weise in die Flasche hineinzublasen. Das mußte man doch zuwege bringen können, es handelte sich nur um das ›wie‹. Wir sagten uns nach einigem Kopfzerbrechen einfach: der Luftstrom darf, wenn die Aufgabe gelöst werden soll, keinesfalls neben dem Korken einhergehen, sondern er muß den Korken allein treffen. Demgemäß nahmen wir ein dünnes Glasröhrchen, hielten es dicht vor den Korken und bliesen durch dieses gegen ihn. Richtig, er marschierte hinein. Danach überlegten wir, daß, wenn das gewöhnliche Blasen den Stöpsel heraustreibt, das Gegenteil auch das Gegenteil bewirken müsse. Und in der Tat, als wir die Luft aus der Flasche heraussaugten, während der Korken lose im Flaschenhalse saß, ging dieser allmählich in die Flasche hinein; die innere Luft ward verdünnt, und nun drückte die äußere Luft stärker auf den Korkenstöpsel als die innere. So unscheinbar diese Experimente auf den ersten Blick sind, der Leser wird bei näherem Zusehen gewiß gerne zugeben, daß sie auch sein Interesse erregt haben.

Die flüchtige Münze

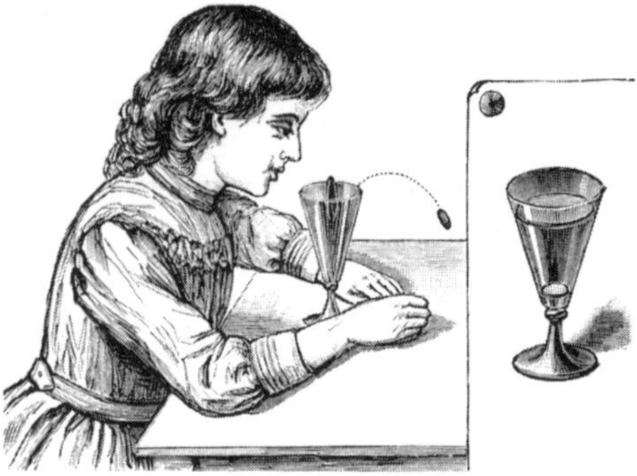

Mit einem kegelförmigen Trinkglas, dessen oberer Rand etwa $4\frac{1}{2}$–5 cm Durchmesser hat, einem silbernen Fünfmark- und einem Fünfzigpfennigstück können wir unsere gelegentliche Umgebung durch ein sehr hübsches Kunststück überraschen. Wir legen die kleinere Münze auf den Boden des Glases und die größere als eine Art Deckel darüber, genau so wie dies in unserem Bild oben rechts dargestellt ist. Nun machen wir uns anheischig das kleine Geldstück aus dem Glas herauszuholen, ohne das Glas und das große Silberstück zu berühren, und behaupten dreist, es gehorche unserem Befehl. Vielleicht befindet sich jemand unter unseren Freunden, der sich nach einigem Überlegen dazu erbietet, das Experiment zu versuchen, vielleicht erklügelt er den

Kniff, gewöhnlich aber wird er von seinem vergeblichen Beginnen bald abstehen. Ein zweiter erlaubt sich vielleicht gar unsere Zauberkraft zu bezweifeln, und dieser Ungehörigkeit machen wir alsbald ein Ende, denn wir brauchen, um unsere Aufgabe zu lösen, nur von oben stark gegen den Rand des Fünfmarkstückes zu blasen. Infolgedessen dreht sich dieses um einen rechten Winkel, übt mit der nach unten klappenden Hälfte einen Druck auf die Luft unter dem Fünfzigpfennigstück aus, die hierdurch und besonders durch unser Blasen verdichtet wird und daher das kleinere Silberstück im Bogen herausschleudert. Kaum ist dies geschehen, fällt das Fünfmarkstück in seine waagerechte Lage zurück, der Deckel klappt also wieder zu.

Ganz ähnlich ist das Experiment: ein hartgesottenes Ei mit dem breiten Teil, aufrechtstehend, auf den Boden eines weiten Stengelglases zu legen; dieses sollte jedoch nicht höher sein, als daß etwa ein Drittel des Eies über den Rand des Glases emporragt. Blasen wir auch hier kräftig hinein, so wird das Ei durch den Luftstrom herausgetrieben. Bei einiger Übung kann man den Luftstrom in Stärke und Richtung so regulieren, daß das Ei aus dem einen Glas in ein zweites, dahinter aufgestelltes, hinübergeblasen wird, was dem Kunststückchen einen erhöhten Reiz verleiht. Freilich sollen die Stengelgläser nicht von dünnster Art sein, sondern für den Fall, daß das Ei auf den Rand des zweiten Glases aufschlagen würde, einen kleinen Stoß ertragen können.

Ein merkwürdiger Kreisel

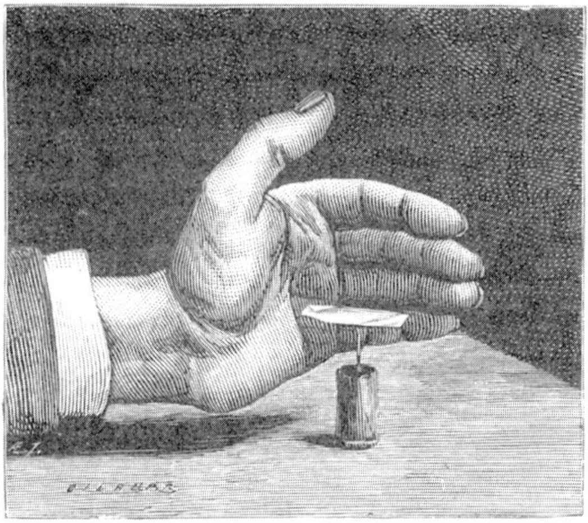

Wer kann einen Kreisel machen, der sich von selbst in Drehung versetzt? Niemand? Nun, da bleibt uns nichts anderes übrig, als daß wir selbst in die Lücke treten, denn da die Frage nun einmal angeregt ist, wird der verehrte Leser auch die Lösung wissen wollen. Wir bedürfen dazu nichts weiter als einen Korken, eine Nähnadel und ein Stückchen Papier, letzteres quadratisch oder rechteckig zugeschnitten. Den Korken stellen wir auf den Tisch, pflanzen die Nadel hinein, die Spitze nach oben, suchen dann die Mitte des Papierstückchens einfach durch Aufzeichnung der Diagonalen ausfindig zu machen, und bringen dasselbe in Schwebe, indem wir es mit dem gefundenen Mittelpunkt auf die Spitze der Nähnadel setzen. Zuvor aber biegen wir zwei gegenüberliegende Ecken des Papiers so um, daß eine Ecke nach oben, die andere nach unten gerichtet ist. Jetzt können wir den in Aussicht genommenen Versuch unternehmen, indem wir unsere Hand unauffällig, wie die Figur zeigt, ziemlich nahe hinter den Kreisel halten. Nicht lange wird es dauern, so setzt er sich in Bewegung, ziehen wir die Hand weg, so bleibt er stehen; also nur scheinbar setzt er sich von selbst in Bewegung. Offenbar ist es die Hand, von welcher die bewegende Kraft ausgeht. Wie aber hatten wir uns die seltsame Erscheinung zu erklären? Etwa durch den Magnetismus? Das wäre nicht so ganz undenkbar, zutreffend ist es jedoch nicht. Es handelt sich hier um eine ganz einfache mechanische Wirkung, hervorgebracht durch die Erwärmung der Luft. Daß die letztere, wenn sie bewegt ist, ihre Bewegung auf andere feste Körper übertragen kann, sehen wir an den Flügeln der Windmühle, am Segelschiff, Luftballon usw., aber auch an einer Reihe Spielereien, wie z. B. an dem spiralförmig geschnittenen, auf einer Stecknadel ruhenden Kreisel auf dem warmen Ofen. Auch hier bei unserem Experiment entsteht durch die in die Nähe des Kreisels gebrachte Hand, vorausgesetzt, daß sie warm ist, ein aufsteigender Luftstrom, der sich in der nach unten gebogenen Ecke fängt und das Stück Papier, das in seiner Lagerung auf der

Spitze der Nadel eine Reibung so gut wie nicht erfährt, in drehende Bewegung setzt. Je wärmer die Hand, um so rascher die Drehung. Wer an kalten Händen leidet, kann das Experiment auf die geschilderte Weise nicht zustande bringen, und dies läßt sich unter Umständen dazu benutzen, demselben den Anschein einer kleinen Hexerei zu geben.

Kerze durch eine Seifenblase ausgelöscht

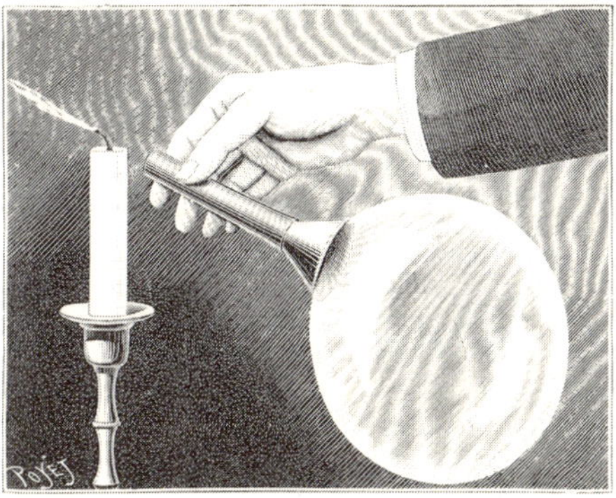

Die Anfertigung einer Seifenblase erfordert, wie bekannt, einen gewissen Luftdruck; wir blasen in die Tonpfeife, um die Seifenblase herauszutreiben. Hören wir mit Blasen auf und verschließen die Pfeifenröhre durch die Zungenspitze, so wächst die Kugel nicht weiter. Was geschieht aber, wenn wir aufhören zu blasen und die Pfeife aus dem Mund nehmen? Halten wir dabei die Pfeife so, daß die Seifenblase nach oben gerichtet ist, so kriecht sie wieder in den Pfeifenkopf zurück; bei umgekehrter Haltung wird sie dies aber nur tun, wenn sie eine gewisse Größe noch nicht überschritten hat. Offenbar drückt die gespannte Seifenhaut auf die in der Blase eingeschlossene Luft; hängt aber die Blase nach unten, so wirkt diesem Druck, der die Seifenblase in die Pfeife zurückzutreiben strebt, die Schwere entgegen und behält die Oberhand, wenn das zunehmende Gewicht größer ist als der abnehmende Druck der Seifenhaut. Daß das Gewicht der Seifenblase mit deren Größerwerden wächst, ist klar; weniger bekannt aber ist, daß gleichzeitig die Spannung der Seifenhaut abnimmt. Genaue Untersuchungen haben in der Tat gelehrt, daß dieser Druck der Krümmung der Blase proportional, also ihrer Größe umgekehrt proportional ist. Tritt dieser Druck in Wirksamkeit, so muß er sich vor allem auch darin äußern, daß die vorher eingeblasene Luft mit zunehmender Geschwindigkeit wieder herausgetrieben wird, daß also ein immer stärker werdender Luftzug das Pfeifenrohr verläßt. Hiervon können wir uns leicht überzeugen, wenn wir zum Blasen einen kleinen Trichter mit ziemlich weiter Röhre von der Form des in unserer Abbildung dargestellten Trichters benützen. Hat die Blase eine gewisse Größe erreicht, so nehmen wir den Trichter aus dem Mund und halten ihn so vor eine angezündete Kerze, daß der Luftstrom gerade gegen den unteren Teil der Flamme gerichtet ist. Diese wird sich sofort schräg legen und gewöhnlich verlöschen. Um Seifenblasen, wie für diesen Zweck nötig, im Durchmesser von etwa 30–40 cm herzustellen, hätten wir freilich nicht das gewöhnliche Seifenwasser zu verwenden, sondern wir nehmen eine Mischung aus ¹/₃ chemisch reinem Glyzerin und ²/₃ in destilliertem Wasser gelöstem ölsauren Natron.

Die um ihre Achse sich drehende Münze

Wer kann eine Münze andauernd und schnell wie der Wind um seine Achse drehen lassen?

»Nichts leichter als das!« ruft unser Tischnachbar mit überlegener Miene, zieht einen Taler hervor, den er vor sich auf die Kante stellt; er legt den Zeigefinger der linken Hand auf die Münze und knipst diese mit dem Mittelfinger der anderen Hand kräftig an. Andauernd und schnell, daß das Auge gar nicht folgen kann, rotiert der Taler um seine Höhenachse, erst allmählich beginnt sich seine Bewegung zu verlangsamen, einigemal noch macht er kreisend-schwanke Bewegungen und legt sich dann platt auf den Tisch nieder.

Da wir niemals Spielverderber sind, zollen wir dem großen Künstler höflichen Beifall und bemerken später, nachdem er auch die von anderer Seite laut gewordenen Anerkennungen eingeheimst hat, ganz bescheiden, daß wir uns die Lösung der Aufgabe doch etwas anders und nicht ganz so leicht gedacht haben. Selbstverständlich wird man uns auffordern, unser Licht leuchten zu lassen, und wir werden damit natürlich nicht hinter dem Berg halten. Wir erbitten eben jenen Taler des Nachbars (nehmen aber, wenn er einen glatten Rand aufweist, lieber eine Münze mit gerippter Umrandung), zeichnen die Endpunkte seines Durchmessers am Rande genau an, legen ihn dann auf den Tisch, heben ihn mit zwei Nadeln, die wir an den markierten Punkten genau einsetzen, in die Höhe und blasen, sobald er in die Mundhöhe gebracht ist, die obere Hälfte an. Das Geldstück wird sich, durch den Druck der Luft also angetrieben, mit großer Schnelligkeit um seine Achse drehen.

Wie aber den Durchmesser der Münze im gegebenen Moment rasch finden? – das ist doch keineswegs so leicht, meint vielleicht der eine oder andere der verehrten Leser. Gewiß ist das leicht, wenn man sich dabei nur praktisch anzustellen weiß. Wir beschreiben zu diesem Zweck mit dem Zirkel auf einem Stückchen Papier einen dem Münzenumfang annähernd entsprechenden Kreis und ziehen durch den Mittelpunkt eine gerade Linie. Legen wir in die Mitte dieses Kreises die Münze, so ist es nicht schwer, die Endpunkte des Durchmessers am Rande derselben genau anzuzeichnen.

Die Metallröhre und das schwebende Brotkügelchen

Es ist noch nicht lange her, da hatten wir Gelegenheit, einen bekannten Physiker vor größerem Publikum eine Reihe Experimente ausführen zu sehen, worunter das nachgeschilderte, so einfach es ist, ungemein großen Beifall fand.

Dieses Experiment besteht darin, daß man das Ende einer dünnen Metallröhre mit einer beliebigen Substanz, vielleicht mit Siegellack luftdicht verschließt und dann in 1 cm weiter Entfernung von dem so verschlossenen Ende ein ungefähr 1 mm großes Loch bohrt. Hält man nun dieses Rohr, auf dessen Löchelchen ein leichtes Kork-

oder Brotkügelchen zu legen wäre, waagerecht und bläst mit dem Mund in das offene Ende anhaltend hinein, so wird sich das Kügelchen aus seiner ruhenden Lage erheben und, solange der durch die Metallröhre geleitete Luftstrom andauert, sich lebhaft drehend in schwebender Verfassung erhalten. Der Leser versuche es, er wird das Experiment als sehr wirkungsvoll schätzen lernen. Das schwebende Kügelchen erinnert übrigens in seiner schwebenden Erscheinung sehr an die Eierschalen, wie sie in den Schießbuden auf Jahrmärkten von den Wasserstrahlen eines kontinuierlich laufenden Springbrunnens oft einen Meter und mehr hoch emporgetragen werden, dann wieder, je nachdem der unstet fließende Wasserstrahl treibende Kraft spendet, tief niedersinken, und so in dieser auf- und absteigenden tänzelnden Bewegung dem Schützen ein ziemlich schwieriges Ziel bilden.

Ist der Experimentierende um die oben besprochene Metallröhre just in Verlegenheit, wird sich sicherlich ein anderer passender Gegenstand finden lassen, vielleicht gelingt es ihm, ein kleines dünnes Stück Binsen- oder Bambusrohr aufzutreiben, in der Not tut's der nächstbeste abgelegte hohle Federhalter.

Das schwebende Holundermark-Kügelchen

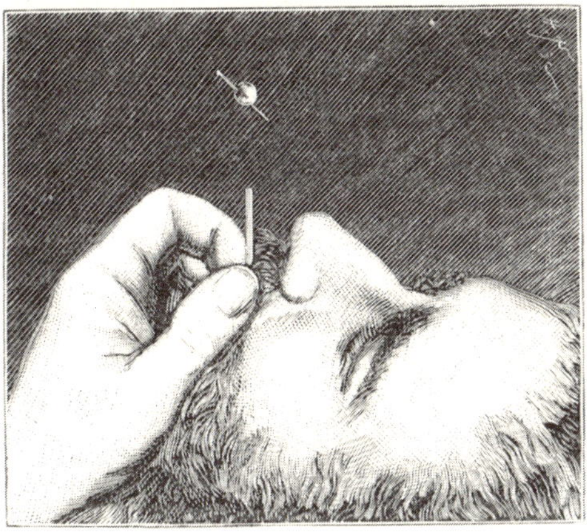

Ähnlich dem zuletzt geschilderten Versuch ist der folgende, doch ist er nicht ganz ungefährlich, weil er bei zurückgebogenem Kopf mit einer Nähnadel ausgeführt werden soll. Leicht könnte diese durch einen unvorhergesehenen Zufall ein anderes als das erwünschte Verhalten erweisen, niederfallen und dadurch das Gesicht, wenn nicht ein Auge verletzen. Wir wollen darauf von vornherein aufmerksam machen und zugleich die Anwendung einer Schutzbrille empfehlen.

Zum Experiment selbst bedürfen wir eines kleinen Holundermark-Kügelchens oder einer möglichst runden Erbse. Je nachdem wir den einen oder anderen Gegenstand zur Hand haben, durchstechen wir ihn genau in der Mitte mit einer Nadel, ziehen diese so durch, daß das Kügelchen auf deren Mitte ruht, stecken das eine Ende der Nadel dann in das obere Ende eines ungefähr 5 cm langen, guterhaltenen steifen Strohhalms und blasen unter senkrechter Haltung desselben mit dem Mund zuerst langsam und dann ohne Unterbrechung stärker hinein. Das Holundermark-Kügelchen oder die Erbse wird sich hierdurch erheben und unter munteren Drehungen so lange schwebend einige Zentimeter über dem Strohhalm erhalten, als der gleichmäßige Luftstrom auf sie einwirkt.

Wer Luft und die nicht immer vorhandene Gelegenheit hat, sich eines ziemlich kräftigen, gleichmäßig starken Dampf- oder Luftstromes zu bedienen, kann den Versuch auf folgende Weise erweitern. Man lasse den Strom durch ein genau im 45gradigen Winkel nach oben gerichtetes Schilfrohr den Ausgang nehmen, der hier nicht nur auf ein Holundermark-Kügelchen, sondern auch auf einen luftgefüllten Kautschukballon trifft, indem man den letzteren zugleich mit der Hand etwas mehr nach vorne zurückt; es wird sich dabei das überraschende und hübsche Resultat ergeben, daß sich Kügelchen und Kautschukball einander nähern, ohne zu fallen, solange der Strom in gleichmäßiger Stärke zu fließen anhält. Je schwerer der Ballon, je mehr findet er sein Gleichgewicht näher dem Rohr.

Eine Windmühle

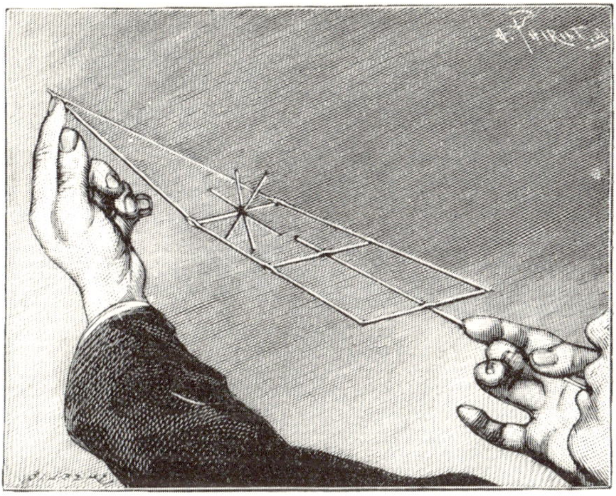

Unser Mühlwerk hat den Vorzug, daß seine Herstellung weder ein Bau- noch Betriebskapital, keine Wasser- und keine Dampfkraft erfordert. Ohnehin wird der Leser aus der Abbildung bereits ersehen haben, daß es sich nur um ein hübsches Spielzeug handelt, das wir selbst verfertigen, und sogleich durch die Kraft unserer Lunge in Gang setzen können.

Zur Verfertigung unserer Windmühle eignet sich am besten ungedroschenes Roggenstroh, welches reif und unverletzt abgeschnitten und getrocknet wurde. Von dem unteren dicken Teil eines solchen Halmes schneiden wir ein Stück von 16–20 cm ab und sehen darauf, daß es keine Knoten hat. Es soll uns das nötige Instrument für die Betriebskraft, also das Blaseröhrchen für den Wind abgeben. Wir richten ferner zwei gleiche Stücke in der Länge von je 7 cm zu, die ebenfalls vom dicken Ende des Halmes und ohne Knoten sein müssen. Diese spalten wir nun recht vorsichtig mittels des Federmessers in vier Teile von je 4 cm Länge und biegen die offenen Teile derart zurück, daß sie wie vier Radspeichen aufrecht stehen. Wir stecken sie dann als Windmühlenrad derart auf ein dünneres Strohstück von 10 cm Länge, daß die gespaltenen und zurückgebogenen Speichen einander gegenüberstehen, und zwar in Wechselstellung, so daß sie ein Rad mit acht Speichen bilden. Nun nehmen wir einen langen Strohhalm und biegen ihn zu einem gleichmäßigen Dreieck, dessen Basis 10 cm, jede der Seiten aber 30 cm messen wird. Etwa in der Hälfte der Seiten lassen wir das Rad ein, indem wir die betreffenden Stellen des Strohhalms mit dem Federmesser durchbohren. Hinter dem Rad plazieren wir noch eine Querachse und stecken in Mitte derselben, wie auch in der Basis, die Windröhre durch. Wie die Mühle gehalten und in Betrieb gesetzt wird, zeigt deutlich die Abbildung. Sobald und solange wir das Mühlrädchen durch die Windröhre, die wir am Ende zwischen die Lippen nehmen, anblasen, wird sich das Mühlwerk munter und flott in Drehung versetzen.

Seifenblase als Luftballon

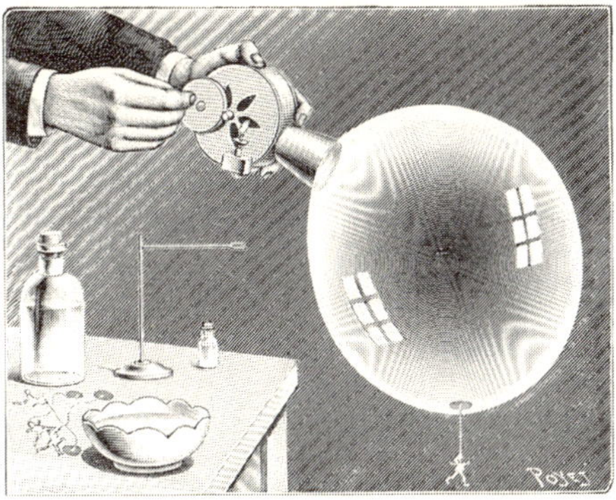

Alljährlich, gewöhnlich um die Weihnachtszeit, tauchen eine Menge physikalischer Spielzeuge aller Art auf, um nach kurzer Lebensdauer gewöhnlich bald wieder zu verschwinden. Einer jener Apparate, der sich sowohl durch die Ursprünglichkeit seiner Erfindung, wie durch die Schönheit der mit ihm hervorgebrachten Effekte auszeichnet, ist der unlängst im Handel aufgetauchte »Ventilator zur Erzeugung von Seifenblasen«. Der kleine Apparat, den der Leser oben abgebildet findet, befähigt den Experimentierenden zur Ausführung einer mächtig großen Seifenblase, die kräftig genug ist, ein leichtes Papierschiffchen samt dem kühnen Luftschiffer auf und davon zu tragen.

Der Ventilator, der dieses kleine Wunder vollbringt, ist aus vernickeltem Zinkblech gefertigt. Er wird durch ein Kurbelrad in Bewegung gesetzt. Sobald die Flügel im Innern des Apparates durch die Reibung der Achse ineinandergreifen, wird sich die Blase am Ende des Mundstücks gewaltig aufblähen, vorausgesetzt, daß man das Mundstück vorher in eine gesättigte Seifenlösung tauchte. Bei der Tätigkeit des Apparates gibt es in Beziehung auf das Blasen und die Luftzuführung keinen Stillstand und kein Aussetzen, wie beim Blasen mittels des Mundes. Der Apparat vermag Blasen von 30–40 cm Durchmesser herzustellen, welche durchschnittlich 20–25 Liter Luft enthalten. Über die Beschaffenheit guten Seifenwassers haben wir schon auf Seite 174 berichtet.

Um nun aus der gewöhnlichen Seifenblase eine »Montgolfière«, d. h. eine mit verdünnter Luft gefüllte Blase herzustellen, hat der Erfinder an dem Apparat eine kleine Lampe angebracht. Die Luft, welche hier eintritt, erhitzt sich an der Flamme, die Blase füllt sich also mit warmer verdünnter Luft, solchermaßen eine wirkliche »Montgolfière« bildend. Sie steigt auch sofort stolz in die Höhe, sobald sie sich von dem Apparat losreißt. Um den Ballon mit einem Schiffchen oder dergleichen auszurüsten, schneide man eine Scheibe von sehr geringem Gewicht aus Guttapercha, die an einem Faden nach Belieben ein Schiffchen, eine Figur oder ähnliches trägt. Setzt man das Guttaperchascheibchen an die Blase, wird sich dasselbe sofort anhängen und beim Aufsteigen der letzteren mitgeführt werden.

Der rätselhafte Trichter und die Holzkugel

Unter unserem Trichter haben wir ein physikalisches Spielzeug zu verstehen, das in seinen Wirkungen auf den ersten Blick höchst rätselhaft erscheinen dürfte. Wir lassen uns vom Klempner ein Rohr von 7 cm Länge und 4 mm innerem Durchmesser, von Weißblech gearbeitet, herstellen. An seinem unteren Ende hätte er einen Trichter von gleichem Stoff anzulöten, dessen größter Durchmesser, bei etwa 10 cm Seitenlänge, 25 cm lang ist. Der Trichter soll nicht rein kegelförmig, sondern muß mehr kugelig gewölbt sein. Ferner verschaffen wir uns eine leichte Kugel aus Lindenholz von 24½ cm Durchmesser, die in die Trichterhöhlung gut passen soll. Die Aufgabe ist nun die, das obere Ende der Röhre in den Mund zu nehmen und mit Hilfe des Atems die Kugel in dem Trichter festzuhalten, wie die Abbildung das darstellt. Wer in das Geheimnis nicht eingeweiht ist, wird die Kugel durch Aufsaugen der über ihr lagernden Luft in ihrer Lage zu erhalten suchen. Aber das ist vergebliches Bemühen! Sobald man die Hand, welche die Kugel hält, wegzieht, fällt letztere zu Boden. Tatsächlich muß man im Gegenteil tüchtig in die Röhre hineinblasen, will man die Kugel festhalten.

Wir können das Experiment übrigens auch etwas anders und mit einfacheren Mitteln zustande bringen. Wir schneiden uns zwei Pappscheiben von je 10 cm Durchmesser zurecht. In der Mitte der einen leimen wir einen Korken von 2 cm Durchmesser auf und durchbohren in der Längsachse den Korken und die Pappscheibe, so zwar, daß ein Kanal von 1½ cm Weite entsteht. Durch diesen führen wir bis zur Pappscheibe herab eine 10 cm lange, hineinpassende Glasröhre. Diesen Apparat handhaben wir genauso wie den zuvor beschriebenen Trichter: blasen wir kräftig durch das Rohr, so wird die zweite Pappscheibe, die wir parallel dicht unter die erste halten, angezogen und unter lebhaftem Erbeben festgehalten. Ein Experiment, mit dem man dem Nichtkenner gewaltig imponieren kann!

Das Eierdampfschiff

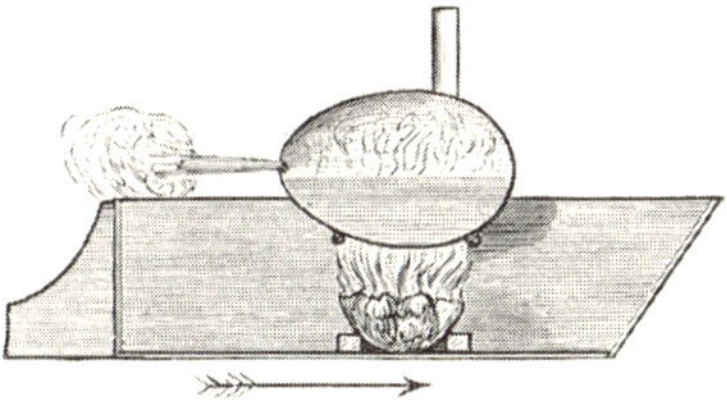

»Das Ei ein Dampfschiff?« wird der verehrte Leser fragen, »was soll denn das zu bedeuten haben?« Sein Staunen ist berechtigt, aber seine weiteren Folgerungen vielleicht, daß die Dampfschiffe dadurch für die Zukunft recht billig, die Eier aber teuer würden, treffen nicht zu. Unser Dampfschiff bedeutet weiter nichts als ein niedliches Spielzeug, gefertigt aus steifem Karton, hübsch aufgeputzt, mit Steuer versehen und der Haltbarkeit wegen säuberlich überlackiert. Quer von Bord zu Bord legen wir zwei hakenförmig gebogene Drähte, stellen darunter eine ringförmig ausgehöhlte Korkscheibe und setzen auf diese eine halbe Eierschale, in die wir etwas Watte legen. Auf den Drähten hat eine ganze, einseitig angestochene und vorsichtig ausgesaugte, mit Schornstein versehene Eierschale Platz zu finden. Diese letztere füllen wir mit so viel Wasser, daß es, wenn die Schale längsseitig liegt, nicht ausfließt. Jetzt setzen wir unser Dampfschiff in ein möglichst großes mit Wasser gefülltes Gefäß, gießen Spiritus auf die Watte und entzünden diesen. Bald wird das Wasser im Ei zum Sieden kommen und der sich entwickelnde Dampf nach allen Seiten auf die Schale drücken. Die seitlichen Druckkräfte heben sich gegenseitig auf, aber der Druck nach vorn wird nicht durch den Druck nach hinten aufgehoben, da an letzterer Stelle der Dampf durch die Öffnung ausströmt und demnach keinen Druck ausüben kann. Daher bewegt sich das Schiff vorwärts, doch wird durch das schräggestellte Steuer die Bewegung kreisförmig, d. h. das Dampfschiff schwimmt, wenn das Steuer schräg nach innen steht, längs dem Ufer unseres Ozeans im Kreis herum. Eine Explosion ist nur zu befürchten, wenn wir die Öffnung für das Ausströmen des Dampfes gar zu klein machen. Natürlich darf sie auch nicht übermäßig groß sein, das richtige Maß wird sich schon finden. Also wer Lust hat: frisch gezimmert und probiert!

Eine Gaswaage

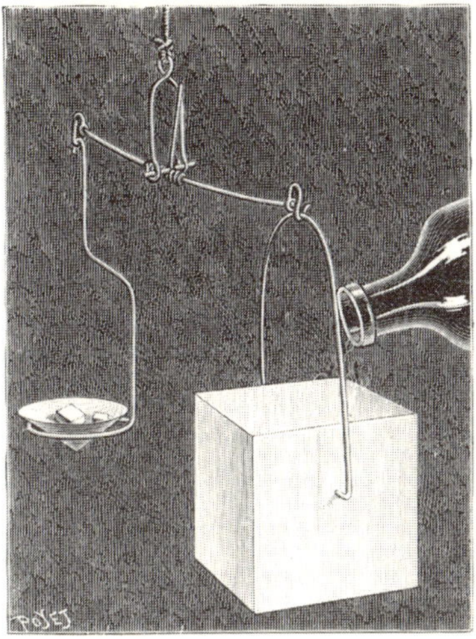

Um die verschiedene Dichtigkeit und Schwere der Gase nachzuweisen, bedienen wir uns einer Waage, die wir nach der bildlichen Anleitung unschwer selbst herstellen können. Als Material verwenden wir dünnen Draht, den wir mit einer der bekannten kleinen Drahtbiegezangen bearbeiten. Zuerst fertigen wir die Waagestange, versehen dieselbe mit einem genau im rechten Winkel gerade aufstehenden Züngelchen und setzen über dieses letztere eine Tragevorrichtung einfachster Art. Den Querteil versehen wir außerdem an seinen beiden Enden mit je einem Haken, auf der einen Seite bestimmt zur

Aufnahme der Tragevorrichtung des Gewichtschälchens, auf der andern soll der Träger einer Pappschachtel eingehangen werden. Als Gewichte können uns Münzen und Schrotkörner dienen, und mit ihrer Hilfe stellen wir zunächst das Gleichgewicht her. Soll dann die Schwere eines Gases bestimmt werden, gießen wir aus einer Flasche langsam z. B. Kohlensäure in die offene Pappschachtel. Vermöge ihrer Schwere wird diese zu Boden sinken und die atmosphärische Luft aus der Schachtel verdrängen, zugleich aber senkt sich auch hierdurch die Waage und beweist, daß das Kohlensäuregas schwerer und dichter ist als die atmosphärische Luft.

Lassen wir nun durch eine Öffnung am Schachtelboden die Kohlensäure ausfließen, so füllt sich von oben die Schachtel wieder mit Luft an und die Waage fällt in das Gleichgewicht zurück.

Drehen wir die Schachtel um und lassen in dieselbe von unten einen Strahl Wasserstoffgas münden, so wird der aufsteigende Wasserstoff die atmosphärische Luft ebenfalls verdrängen, zugleich aber die Waagschale mit der Schachtel in die Höhe steigen und dadurch beweisen, daß Wasserstoffgas weniger dicht und weniger schwer ist als atmosphärische Luft und Kohlensäure. Bei diesem Versuch sei aber, da Wasserstoff mit Luft gemischt bei Berührung mit Feuer heftig explodiert, die größte Vorsicht empfohlen.

In dieser Weise vermögen wir alle anderen Gase abzuwägen und zu vergleichen.

Die Champagner-Kanone

Gewiß verschmäht der Leser nicht, zur Abwechslung auch ein Experiment mit Knalleffekt kennenzulernen, Rauch und Pulverdampf ist ja dabei nicht nötig, es wäre das angesichts der Erfindung des rauchfreien Schießpulvers ohnehin ganz unmodern.

Gut also, fertigen wir ein Geschütz, und zwar eine Champagner-Kanone. Zu diesem Zweck suchen wir uns eine recht dickwandige Schaumweinflasche zu beschaffen und füllen diese zum dritten Teil mit Wasser. Alsdann kaufen wir uns in der Apotheke englisches Brausepulver: wir bekommen da zwei Papierkapseln, deren eine doppeltkohlensaures Natron, die andere Weinsteinsäure enthält. Von dem Natron lösen wir einen Teil in dem Wasser auf. Darauf verfertigen wir aus Karton eine patronenartige Hülse, füllen diese mit Weinsteinsäure und überzeugen uns, daß das Pulver weder aus dem Boden, noch aus den Wänden der Hülse herausrieselt. Die Patrone befestigen wir mit Hilfe eines Fadens, der annähernd halb so lang als die Flasche hoch ist, an dem Korken der Flasche, lassen die Patrone vorsichtig an dem Faden in die Flasche hinab (sie darf den Wasserspiegel nicht erreichen) und verstöpseln endlich die Flasche mit dem Korken. Die Kanone ist alsdann zum Abfeuern bereit. Sobald nun der geeignete Augenblick gekommen ist – gälte es nun ein Geburtstagsschießen, oder soll durch unsere Kanonenschläge eine Jubiläumsfestlichkeit verherrlicht werden – genug, wir legen die Flache auf eine aus zwei Bleistiften bestehende Lafette und warten das weitere in achtungsvoller Entfernung ruhig ab. Das doppeltkohlensaure Natron und die Weinsteinsäure zersetzen sich in Berührung mit dem Wasser unter lebhafter Entwicklung von Kohlensäure, und diese treibt mit einem lauten Knall den Korken mit der schweifartig nachfolgenden Patronenhülse aus der Flasche. Gleichzeitig rollt die letztere infolge Reaktionswirkung auf den Bleistiften etwas zurück, erfährt also ganz so wie die wirkliche Kanone einen Rückstoß.

Die Zündholz-Kanone

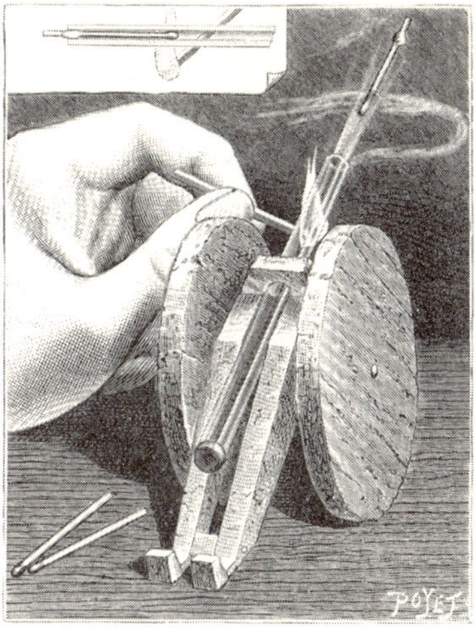

Der Leser wird sich sagen, daß nur für den Augenblick recht kriegerisch gestimmt sind, denn wieder soll dem berühmten Kanonenkönig Krupp ins Handwerk gepfuscht und Anleitung zur Anfertigung eines richtigen Geschützes gegeben werden. Wir nehmen diesmal als Geschützrohr eine Glasröhre von 3 mm Durchmesser, verschließen sie an einem Ende mit einem Siegellackpfropfen, lassen das andere dagegen offen; diese Röhre kann immerhin etwa 12–15 cm lang sein. Räder und Lafette fertigen wir aus Zigarrenkistchenholz, setzen dann auf die letztere ein in der Mitte aufgebohrtes Korkplättchen, dazu bestimmt, die Röhre säuberlich einzulagern und festzuhalten. Die übrigen Holzteile verbinden wir durch Drahtstifte und Leim, als Räderachse sei eine starke Stricknadel oder ein Drahtstück verwendet. Zur Sicherung der Räder schließen wir auf dem Draht mehrere größere Glasperlen derart an, daß sie sich ungehindert bewegen können.

Als Ladung dient uns ein rundes stearinisiertes Zündhölzchen mit Phosphorkopf, das wir am leeren Ende in solcher Länge abkneifen, daß es in die über die Lafette hinausragende Röhre genau hineinpaßt, stecken dann am Vorderende ein der Mündung entsprechendes Kork- oder geknetetes Brotkügelchen an, das aber nicht hermetisch schließen darf, sondern dem Hölzchen ungehinderten Austritt gestatten muß. Der Phosphorkopf des Hölzchens kommt bei seiner Einführung nach unten in die Röhre zu liegen.

Das Abfeuern der Kanone geschieht, wie die Abbildung (s. auch links oben) zeigt, mit einem zweiten Zündhölzchen. Es entsteht dabei ein lebhafter Knall, flott fliegt das von blauen Rauchwölkchen umgebene Geschoß aus der Röhre 5–6 m weit hinaus. Aus diesem Grund ist die Distanz vorher abzumessen und zur Vermeidung von Brand- und anderen Flecken ein großes Wachstuch oder ein starker Pappebogen an der Einfallsstelle gleichsam als Kugelfang aufzulegen. Auch sonst kann Vorsicht nicht schaden, jedenfalls haben wir hier eine Spielerei vor uns, die man kleinen Kindern besser vorenthält.

Der Fesselballon im Zimmer

Unter den vielen Neuheiten des Spielwarenmarktes ist uns als allerliebstes Spielzeug der Zimmerfesselballon aufgefallen, und wir konnten uns nicht versagen, in diesem Buch auch ihm ein Plätzchen anzuweisen. Er ist aus Goldschlägerhaut gefertigt, besitzt 62 cm Durchmesser und ein verschließbares Kautschukventil. Seine Füllung wird mit Leuchtgas bewerkstelligt. Den Ballon umschließt ein seidenes Netz, welches eine aus Karton bestehende und mit einem feinen Drahtgestell umgebene Gondel trägt. In der Mitte des Bodens der letzteren ist eine feingedrehte

Schnur angebracht, die sich über eine Trommel wickelt, deren Achse in einem Gestell lagert und durch eine im seitlich angebrachten Gehäuse befindliche Uhrfeder in Bewegung gesetzt wird. An der Außenseite des Gestells befindet sich eine Kurbel, vorne haben zwei Gewichte A und B Platz gefunden, die durch Verschiebung die Umdrehungsgeschwindigkeit der Trommel regeln. Wie der Apparat aufzustellen und in Tätigkeit zu setzen ist, zeigt die Abbildung. Dem arbeitslustigen Leser dürfte es kaum schwer fallen, einen solchen Fesselballon, wozu auch ein gewöhnlicher, am besten gepreßter Kollodiumballon benützt werden kann, nach dem beigegebenen Bild herzustellen. Die Beschaffung des Leuchtgases ist heutzutage ebensowenig schwierig, doch wäre bei der Füllung des Ballons, weil das Gas vermischt mit Luft bekanntlich explosibel ist, mit Vorsicht zu Werke zu gehen, Ballon und Gas vor jeder Berührung mit Feuer zu behüten; unvermischtes Gas explodiert nicht, sondern brennt ruhig ab. Man überzeuge sich, daß das Kollodiumhäutchen keine Risse hat, und vermeide bei der Füllung jede höhere Sättigung. Soll die Füllung bewerkstelligt werden, drückt man den Ballon, um das Zerreißen zu verhindern, vorsichtig mit den Händen zusammen, daß die atmosphärische Luft entweicht, schiebt dann den Hals über das Gasrohrende und schließt ihn mit einer Kautschukröhre fest an. Ist der Ballon mit dem Gas gefüllt, so nimmt man ihn vom Rohr und umschnürt den Hals lose mit einem Bindfaden.

Lineare Ausdehnung einer erwärmten Nadel

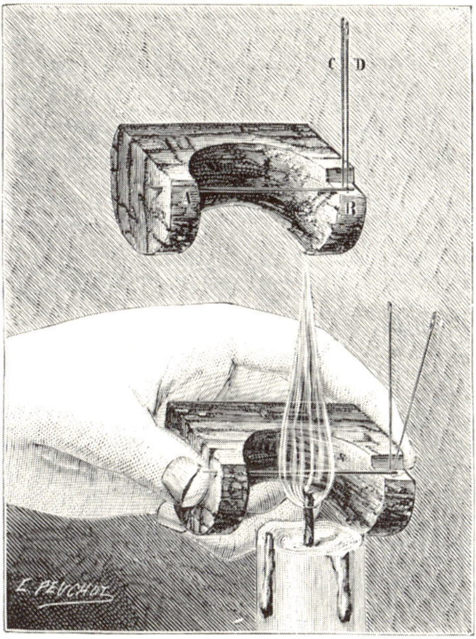

Die Wärme wirkt bekanntlich dem Oberflächendruck der Körper entgegen, d. h. sie dehnt dieselben aus. Das Umgekehrte tritt ein, wenn dem Körper Wärme entzogen wird, und könnte man ihm alle Wärme entziehen, ihn also auf den absoluten Nullpunkt bringen, würden die Moleküle in vollständige Ruhe versetzt werden, d. h. sich fest aneinander lagern. Die lineare Ausdehnung eines Metallkörpers unter der Einwirkung der Wärme zu beobachten, dient das nachfolgend geschilderte Experiment. Wir schnitzeln ein Korkstück in der Form, wie unsere Abbildung das zeigt. In den einen der Vorsprünge, A, stecken wir eine Nähnadel AB, welche mit ihrem Kopf sich auf den anderen Vorsprung B stützt, den wir in einem um 1–2 mm minder hohen Niveau halten. Durch das Öhr der Nadel stecken wir sodann eine zweite Nähnadel BD, deren Größe wir so wählen, daß die Spitze um 2–3 mm hervorragt. Sie muß so in den Pfropfen eingeführt werden, daß die liegende Nadel nur noch ¹/₄ mm von der Oberfläche des Korks entfernt ist. Parallel der aufrechten Nadel stecken wir dann noch eine dritte Nadel BC von derselben Länge in den Kork ein.

Wenn wir nun die liegende Nadel in den unteren Teil einer Kerzenflamme halten, sehen wir die Nadel BD sich nach außen neigen und mit der festen Nadel BC einen Winkel von mehreren Graden bilden. Dies deutlich zu beobachten, halten wir den Kork an einem der Enden und sehen mit dem Auge in der Richtung der beiden Nadeln. Wenn wir die liegende Nadel alsdann erkalten lassen, so kehrt sie in ihre ursprüngliche Lage zurück. Dieser kleine Apparat ist sehr empfindlich; das Experiment kommt daher binnen wenigen Minuten zustande.

Die Wärmeleitungsfähigkeit von Holz und Metall

Daß Metalle gute Wärmeleiter sind, läßt sich durch zahlreiche einfache Versuche beweisen. Legen wir ein Stück Musselin glatt und flach auf eine polierte Metallfläche und darauf eine glühende Kohle, die wir noch mehr anblasen, so verbrennt, wiewohl das zu erwarten wäre, das Musselin nicht, denn die Wärme wird von dem unten liegenden Metall weggeleitet. Ebenso überraschend ist der Versuch mit einem Stück Zinn, das wir über einer Weingeistflamme getrost auf einem Kartenblatt zum Schmelzen bringen können, oder mit Wasser, das man sehr wohl in einer gewöhnlichen Papiertüte bis zum Kochen erhitzen kann. Der lehrreiche Versuch, wie er in unserem Holzschnitt bildlich gegeben ist, läßt uns nun den großen Unterschied zwischen der Leitungsfähigkeit der Metalle und des Holzes erkennen. Um das Experiment auszuführen, nehmen wir einen mit einer Metallgarnitur versehenen Federhalter und kleben an dessen Oberfläche einen Streifen Papier an, und zwar so, daß derselbe halb auf dem Holz und halb auf dem Metall haften bleibt. Erhitzen wir nun über einer Spirituslampe vorsichtig die Oberfläche des Papiers, das am Federhalter klebt, so werden wir die Erfahrung machen, daß der am Holz haftende Teil des Papiers sich schwärzt und verkohlt, der am Metall anhaftende Teil aber weiß bleibt. Das Metall bewährt sich als ein guter Wärmeleiter, d. h. die Wärme, die wir dem Papier mitteilen, wird durch dasselbe zum großen Teil fortgeführt; das Papier bleibt weiß, während selbst der weiter nach außen liegende Teil der Metallfassung des Halters warm wird. Umgekehrt aber vermag das Holz die Wärme nur sehr wenig zu leiten; sie verbleibt infolgedessen hier ganz auf dem Papier, was durch das Schwarzwerden und schließliche Verkohlen deutlich genug bewiesen wird.

Kupfer ein besserer Wärmeleiter als Eisen

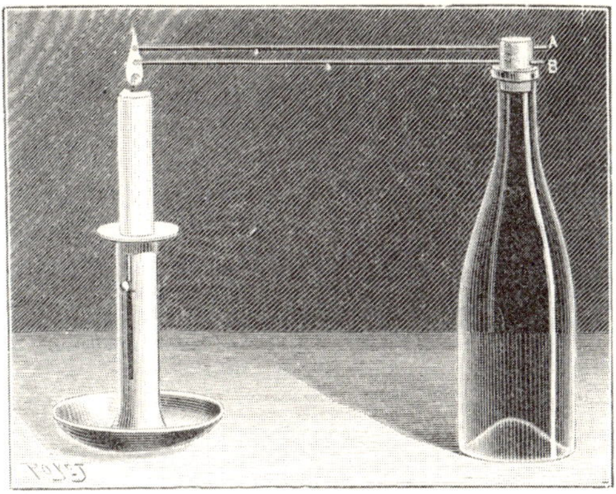

Schon die tägliche Erfahrung lehrt, daß die Körper die Wärme sehr verschieden leiten, rührt doch das Wärme- oder Kältegefühl beim Ergreifen eines Gegenstandes von der verschiedenen Leistungsfähigkeit seiner Materie her. Wenn wir z. B. einen guten Wärmeleiter berühren, der heißer als die Hand ist, so wird der berührten Stelle Wärme entzogen, es fließt neue nach, die Hand wird erhitzt; berühren wir dagegen ein Stück Holz, also einen schlechten Wärmeleiter, welches ebenso heiß sein kann, entzieht die Hand dem Holz nur die wenige Wärme der berührten Stelle, das Holz erscheint uns daher lange nicht so heiß als der zuvor mit der Hand ergriffene Gegenstand. Aber auch die guten Wärmeleiter sind in dieser Beziehung von ungleicher Leistungsfähigkeit; das nachfolgend geschilderte sehr interessante Experiment wird uns dafür den Beweis in sehr augenscheinlicher Weise erbringen.

Wir verschaffen uns ein Eisendrahtstäbchen A – eine Stricknadel tut es füglich ebensogut – und ein gleich langes Stück Kupferdraht B, beide von gleicher Dicke, erhitzen sie an der Flamme einer Stearinkerze, stoßen sie durch letztere hindurch, und lassen sie hierauf in senkrechter Haltung erkalten. Die nunmehr mit einer dünnen Stearinschicht überzogenen Nadeln stecken wir dann, wie auf unserem Bild ersichtlich, mit dem unbedeckten einen Ende waagerecht in einen Flaschenkorken, und stellen unter ihre freien Enden die Kerzenflamme, so daß sich die beiden Drähte also wieder erwärmen. In dem Maß nun, als sich die Wärme fortpflanzt, schmilzt das Stearin und bildet an jedem Drahtstäbchen einen Tropfen, der sich nach dem Korken hin bewegt.

Je schneller also die Wärme von den erhitzten Endpunkten in einem der Drähte fortgeleitet wird, um so schneller wird auch der an dem betreffenden Draht hängende Tropfen vorwärts rücken. Unser Experiment zeigt, daß dies bei dem am Kupferdraht B hängenden Tropfen der Fall ist, er eilt dem am Eisendraht A sich fortbewegenden Tropfen ziemlich voraus, und es ist somit erwiesen, daß Kupfer ein besserer Wärmeleiter ist als Eisen.

Glasröhren zu krümmen

Wie oft kommt man, namentlich dann, wenn man gewillt ist, chemische Versuche anzustellen, in die unerwünschte Lage, daß die vorhandenen Glasröhren für einen bestimmten Zweck nicht recht passen wollen. Da bleibt nichts anderes übrig, als daß wir uns selbst an die Arbeit machen, d. h. die Glasröhre jeweils passend biegen müssen. In Nachstehendem seien einige Verfahren angegeben, wie man dabei am besten zu Werke geht. Immer vorteilhaft ist es, sich für den unerläßlichen Erhitzungsprozeß einer Gasflamme mit Spaltbrenner oder Fischschwanzbrenner zu bedienen. Man erhitzt bei diesem Verfahren die zuvor gut ausgetrocknete Röhre in entsprechend großer Strecke langsam drehend bis zum Erweichen und biegt dann die Schenkel vorsichtig und allmählich einwärts. Ist die Glasröhre sehr dünnwandig, empfiehlt es sich, um jedem Ungemach vorzubeugen, diese zuvor mit reinem, trockenem Sand zu füllen und die beiderseitigen Mündungen mit lose sitzenden Papierpfropfen zu verschließen.

Nicht immer aber ist die Gasflamme vorhanden und dann genügt für unsere Absicht auch eine einfache Weingeistlampe. Man erhitzt auch in diesem Fall, wie schon oben angedeutet und durch unser Bild veranschaulicht, die gut ausgetrocknete Röhre in entsprechend großer Strecke langsam drehend, bis die Röhre heiß geworden, und läßt dann die Flamme schließlich auf einen Punkt wirken. Das Röhrchen wird daselbst bald weich und nun kann man ihm die gewünschte Krümmung geben, wie man es etwa mit erweichtem Siegellack machen würde.

Ein anderes empfehlenswertes Verfahren ist, den Docht der Weingeistlampe breit zu drücken und dann die Glasröhre an dem einen Schenkel in die Flamme zu halten; sie biegt sich nach Erweichen durch ihr eigenes Gewicht – ist die erwünschte Krümmung erreicht, zieht man einfach rasch zurück. Dieses Verfahren hat den großen Vorzug, daß dabei die Röhre schön gleich weit bleibt. Das Erhitzen geschieht besser und wirkungsvoller im oberen Teil der Flamme, weniger gut im Mittelpunkt und tiefer; warum, das wird dem verehrten Leser sehr wohl bekannt sein.

Der Wasserleuchter

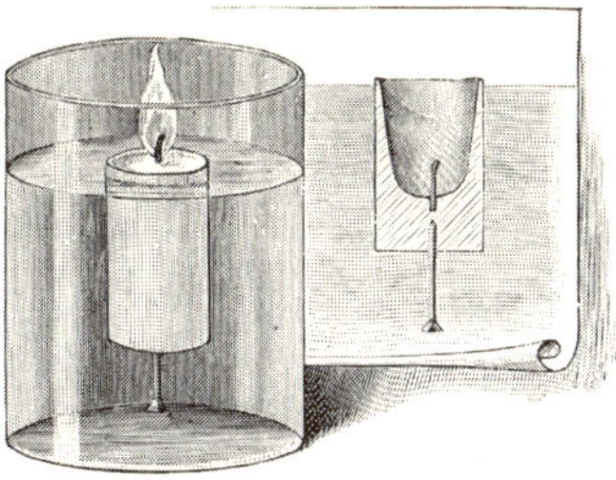

Als wir einmal abends in der Dunkelheit nach Hause kamen und im Schlafzimmer ein Streichhölzchen anreißen wollten, um Licht zu entzünden, o weh! da fehlte der Nachtleuchter. Das Licht war nämlich abends zuvor ziemlich tief herabgebrannt, der Leuchter weggeholt worden, ihn wiederzubringen und eine frische Kerze aufzustecken, wurde aber von der sorgsamen Haushälterin vergessen. Was tun, sich im Dunkeln zu Bett legen, oder zur Strafe für die Lässigkeit irgendeinen zerbrechlichen Gegenstand umstoßen? Halt, da lag aber ja noch das Lichtstümpchen! Schnell, ehe das Streichholz erlosch, brannten wir seinen Docht an. Nun standen wir wieder in wenig beneidenswerter Lage da, hielten das brennende Kerzenstümpchen zwischen den Fingern, und überlegten, wohin wir es stellen sollten, ohne Gefahr zu laufen, daß es durch die Hitze oder das Herablaufen des Stearins etwas verderbe. Da fiel uns plötzlich das Bild des Nachtlichts ein, das früher in unserem Kinderzimmer brannte; schnell war der Gedanke ausgesponnen und nun war uns geholfen. Wir holten aus dem Nagelkasten, den wir mit einigem Werkzeug immer zur Hand haben, einen Drahtstift, erwärmten seine Spitze etwas an der Kerzenflamme und steckten den Nagel von unten in das Lichtstümpchen. Dann gossen wir Wasser in ein Glas und setzten das mit dem Ballast beschwerte Licht in das Wasser. Wir hatten den Drahtstift just in der richtigen Schwere gewählt: das Lichtstümpchen sank genau bis an den oberen Rand ein. Mit dem weiteren Abbrennen wurde die Kerze natürlich kürzer, aber sie wurde dadurch auch in gleichem Maß leichter und stieg demnach in die Höhe, so daß wir ein vorzeitiges Verlöschen nicht befürchten mußten. Dies alles ging nach Wunsch. Aber eine andere Erscheinung überraschte uns: Die Kerze brannte hohl, d. h. ihr Rand blieb mantelförmig stehen, und bald sah es aus, als sei die Flamme von einem mattgeschliffenen Zylinder geschützt. Aber bald hatten wir die Erklärung, die uns anfänglich etwas schwierig erschien, gefunden – es war klar: Der Erwärmung durch die Flamme stand die Abkühlung durch das Wasser gegenüber, und am Kerzenrand war letztere größer, so und nicht anders mußte die seltsame Form des Brennmaterialverbrauchs zustande kommen. Beobachtend blieben wir damals vor dem Wasserleuchter stehen und hätten über der an sich ja recht unscheinbaren, aber immerhin interessanten Entdeckung fast ganz vergessen, uns zu Bett zu legen.

Ein einfaches Prisma

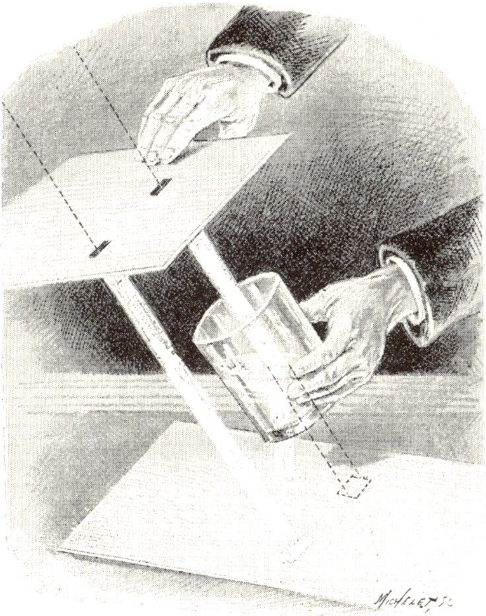

Lassen wir Sonnenlicht durch ein Prisma gehen, so bemerken wir folgende Erscheinungen: 1 Die Lichtstrahlen werden abgelenkt (gebrochen), und zwar von der brechenden Kante weg. 2. Das zusammengesetzte (weiße) Sonnenlicht wird in seine (farbigen) Bestandteile zerlegt; es entsteht ein Farbenrand (Spektrum), da die einzelnen Bestandteile verschieden stark abgelenkt werden, Rot am wenigsten,

Violett am meisten. 3. Das Spektrum, das in sieben Hauptfarben (Rot, Orange, Gelb, Grün, Blau, Indigo, Violett) zerfällt, nimmt mehr Raum ein als der Querschnitt des weißen Sonnenstrahlenbündels. 4. Die mit den Farben gleichlaufenden Grenzlinien des Spektrums zeigen eine Abweichung von den entsprechenden Grenzen jenes Querschnittes; sie sind gekrümmt, während jene gerade waren.

Man pflegt diese Erscheinungen gewöhnlich mit Hilfe von geschliffenen Glasprismen zu studieren. Wir aber ersetzen das teure Glasprisma durch ein billiges Wasserprisma, indem wir zunächst die Strahlen der Sonne senkrecht auf ein Kartonblatt fallen lassen, in das wir zuvor zwei rechteckige Fenster geschnitten haben. Wir erhalten dadurch zwei parallele Strahlenbündel, deren jedes auf dem weißen Papier, das wir auf den Tisch legen, ein viereckiges weißes Bild hervorruft. Nun füllen wir ein gewöhnliches zylindrisches Trinkglas, das einen ebenen Boden ausweist, bis zum Drittel seiner Höhe mit Wasser, und halten es derartig geneigt unter das eine Kartonfenster, daß sein Strahlenbündel die Achse des Glaszylinders bildet. Da jetzt die Oberfläche des Wassers zu seiner Bodenfläche nicht parallel ist, so haben wir damit ein ganz prächtiges Wasserprisma gewonnen. An dem einen Strahlenbündel können wir sehr wohl die oben aufgezählten Erscheinungen studieren, während das andere dazu dient, durch Vergleichung die Stärke der Ablenkung, der Farbenzerstreuung u. a. zu messen.

Spiegelbild ohne Spiegel

Bekanntlich erzeugt nicht allein nur eine belegte Spiegelplatte ein Spiegelbild, jede ebene Glasplatte mit einigermaßen dunklem Hintergrund wirft von einem hell beleuchteten Gegenstand Strahlen zurück, die von unserem Auge als mehr oder weniger stärkere Spiegelbilder gesehen werden, davon können wir uns durch einen Gang vorüber an den Schaufenstern unserer Kaufläden immer überzeugen.

Auch der Versuch, wie unser Bild ihn darstellt, beweist uns dies. Wenn wir in einem verdunkelten

Zimmer eine unbelegte Spiegelplatte durch irgendein Mittel in senkrechter oder nahezu senkrechter Richtung auf den Tisch stellen, und sowohl hinter als vor derselben ein Spielkarte plazieren, und zur besseren Beleuchtung eine brennende Kerze daneben setzen, so werden wir es schon nach wenigen Versuchen durch Hin- und Herschieben leicht dahin bringen, daß wir von vorn die zwei Spielkarten nebeneinander sehen, die eine direkt durch das Glas, die andere daneben, aber nur als Spiegelbild.

Durch diese einfache Tatsache lassen sich ungemein effektvolle Täuschungen hervorbringen, die sich viele umherziehende Theaterdirektoren für ihre Vorstellungen zunutze gemacht haben. So sitzen wir unter den Zuschauern eines Jahrmarktskunsttempels und bemerken beim Aufgehen des Vorhanges nicht, daß die schwach erleuchtete Bühne von dem noch mehr verdunkelten Zuschauerraum durch eine mächtige Spiegelscheibe getrennt ist, deren Neigung etwa 20 Grad beträgt. Wir folgen dem Schauspiel hinter dieser Glasscheibe. Da erscheint im Fortgang der etwas schauerlichen Handlung plötzlich eine gespenstische Gestalt, sie schwebt über die Bühne auf den Helden zu, dieser zeigt sich aber sehr mutvoll: Er durchsticht den Geist mit dem Degen, oder schießt nach ihm, aber ohne Gefahr für das – Spiegelbild einer Person, die im genau berechneten Zusammenspiel mit dem Helden von einem vertieften Raum aus vor der Bühne die überraschende Erscheinung hervorruft.

Ein Lichtkunststückchen

Wir rücken in einem verdunkelten Zimmer einen Tisch unmittelbar an einen Vorhang, auf den ersteren stellen wir den Pappumschlag eines Schreibheftes, aus dem wir zuvor zwei Sterne ausgeschnitten haben. Jeder derselben ist vierstrahlig, und sie sind unter sich kongruent, nur ist der eine in seiner Lage gegen den anderen um die Hälfte eines rechten Winkels verdreht. In einiger Entfernung stellen wir zwei gleich hohe Kerzen, deren Dochte möglichst in gleicher Höhe mit den Mittelpunkten der Sterne sich befinden. Die Stellungen der Kerzen auf dem Tisch hätten wir vorher so auszuprobieren, daß die aus dem Vorhang entstehenden hellen Sterne mit ihren Mittelpunkten zusammenfallen. Haben wir die vorläufig noch durch Schirme verdeckten Kerzen angezündet und nehmen den einen Schirm weg, so wird aus dem Vorhang ein vierstrahliger Stern sichtbar werden. Entfernen wir dann auch noch den andern Schirm, so verwandelt sich der Stern in einen achtstrahligen. An letzterem bemerken wir, daß die Mitte (doppeltbeleuchtet) besonders hell erscheint, und zwar in Gestalt eines ebenfalls achtstrahligen Sternes, der aber weder in der Form noch in der Lage mit jenem größeren übereinstimmt: Die Strahlen sind kürzer und stumpfer und liegen zwischen den Strahlen des größeren Sternes.

Wir können die Erscheinung, die eine entfernte Ähnlichkeit mit den sogenannten Nebelbildern hat, noch auf mancherlei Weise abändern, indem wir z. B. den Lichtschein der einen Kerze und damit die Helligkeit des einen vierstrahligen Sternes durch Vorsetzen eines kugeligen Trinkglases voll Wasser verstärken. Oder aber wir halten vor das eine Licht ein rotes, vor das andere ein blaues Glas; dann erhält der Stern vier rote und vier blaue Strahlen, die Mitte aber erscheint violett. Weitere Variationen der erreichbaren sehr hübschen Lichteffekte werden unsere erfindungsreichen Leser bald selbst ausklügeln, wir wollten sie durch das Gesagte nur dazu angeregt haben.

Das umgekehrte Bild der Stecknadel

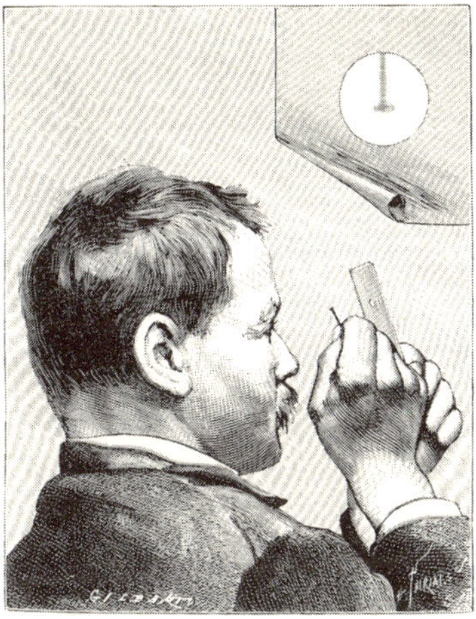

Jedem unserer Leser dürfte bekannt sein, daß das Abbild eines Gegenstandes in der Dunkelkammer *(camera obscura)* umgekehrt erscheint, d. h. auf dem Kopf steht. Dasselbe ist der Fall bei den Bildern der Gegenstände, welche die Netzhaut unseres Auges empfängt. Unser Auge ist eben nichts anderes als eine Dunkelkammer, aber eine solche, welche die empfangenen Bilder in richtiger Stellung wiedergibt. Diese Tatsache mußten wir vorausschicken, weil sie uns zu dem nachfolgend geschilderten Experiment die Erklärung geben soll. – Wir nehmen eine Visitenkarte und durchlöchern dieselbe mit einer Stecknadel. Halten wir dann die Visitenkarte etwa 10 cm weit vom Auge und schieben die Stecknadel zwischen die Karte und das Auge, so verschwindet das Bild der Stecknadel vor der Karte, es kommt aber hinter derselben, durch die mit der Nadel gemachte kleine Öffnung, umgekehrt, d. h. auf dem Kopf stehend, zum Vorschein, wie sie auf unserem Bild oben rechts in der Ecke zu sehen ist.

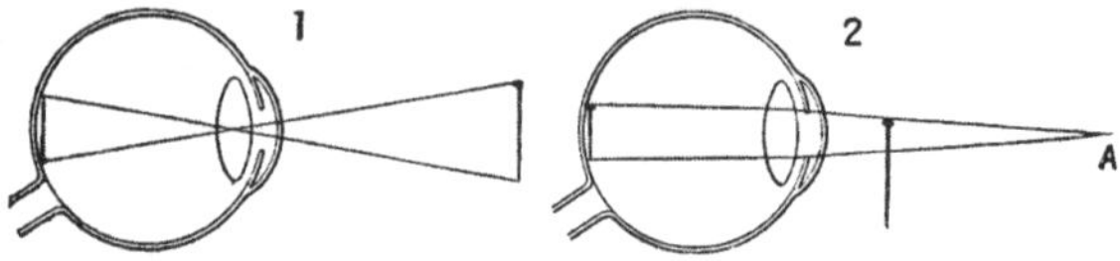

Dabei müssen wir uns aber gegen das Fenster, oder abends gegen die Lampe wenden. Die kleine Öffnung dient bei dem Experiment lediglich als Lichtpunkt (2 A), welcher den Schatten der Stecknadel auf die Netzhaut wirft, vor der Öffnung aber in umgekehrter Stellung zum Vorschein kommt. Wir können dieses Resultat aber auch noch auf andere Weise zustande bringen. Halten wir die Öffnung der Karte ganz nahe (3–4 cm) vors Auge und schließen dieses bis auf einen kleinen Spalt (blinzeln), so sehen wir die Augenwimpern ebenfalls umgekehrt, d. h. in die Höhe stehend. Bewegen wir die Karte vor dem Auge hin und her oder geben ihr eine kreisende Bewegung, so wird im Gesichtsfeld nach einer Weile ein Netz von Zweigen zum Vorschein kommen. Wir haben damit das Abbild des Adernetzes der Netzhaut vor Augen. Dieser letztere Versuch gelingt aber freilich nicht immer sofort.

Darstellung eines doppelten Regenbogens

Wenn, wie nicht selten der Fall, zwei Regenbogen nebeneinander entstehen, so haben wir die Ursache der Erscheinung darin zu erkennen, daß der Hauptregenbogen von den Sonnenstrahlen gebildet wird, die in die obere Hälfte der Regentropfen eintreten und an der Rückseite derselben nur einmal reflektiert werden, um dann wieder auszutreten; der Nebenregenbogen dagegen rührt von den Strahlen her, welche in die untere Hälfte der Tropfen gelangen, an der Rückseite derselben zweimal reflektiert werden und dann erst ihr Wirkungsfeld verlassen. Schon Aristoteles kannte die Existenz des Nebenregenbogens, während später im 16. Jahrhundert Descartes erstmals genaue Berechnungen über die durch den Ein- und Austritt der Sonnenstrahlen beim Haupt- und Nebenregenbogen gebildeten Winkel anstellte, und erst seit dem Jahr 1704 durch Newton wissen wir überhaupt von der verschiedenen Brechbarkeit der einzelnen Farbenstrahlen, die das gewöhnliche farblose Licht zusammensetzen, mit anderen Worten: erst seit damals ist uns bekannt, warum der Regenbogen bunt aussieht.

Einen Haupt- und Nebenregenbogen auf künstliche, aber höchst einfache Weise zu erzeugen, dürfte unseren Lesern sicherlich viel Vergnügen bereiten und wird ihnen zugleich den Genuß des immer gerne gesehenen herrlichen Farbenspieles darbieten. Wir nehmen zu diesem Zweck einen kugelförmigen Glaskolben von 6–7 cm Durchmesser, füllen dieses Gefäß mit Wasser und lassen ein Bündel horizontaler Sonnenstrahlen auf die Flasche fallen; um dieses letztere leicht zustande zu bringen, haben wir zuvor ein hinreichend großes Loch durch einen Fensterladen gebohrt und 2–3 m vor dem Glaskolben einen weißen Pappschirm aufgestellt. Die Lichtstrahlen verfolgen in dem kugelförmigen Wasserraum dieselben Wege, wie oben bei dem Regentropfen, und rufen dadurch auf dem Schirm zwei farbige Bogen hervor, die naturgemäß nicht so scharf sind wie bei dem natürlichen Regenbogen, aber die Anordnung der Farben und die relative Stärke des Haupt- und Nebenbogens deutlich wahrnehmen lassen.

Wie ein sogenannter Hof um den nächtlichen Erdtrabanten entsteht

Über die Entstehung dieser »Höfe« weiß man mit Sicherheit zu sagen, daß sie hervorgebracht werden, indem sich die Sonnen- oder Mondstrahlen an unzähligen, im Äther schwebenden Eiskristallen brechen. Die kreisförmige Gestalt solcher Höfe rührt davon her, daß die Stellung dieser Kristalle zufällig den Richtungen der Windrose entspricht, und daß die gebrochenen Strahlenbündel eine gewisse Minimalabweichung nicht überschreiten können. Diese einfache Erklärung verdanken wir dem berühmten französischen Philosophen Descartes. Aber erst der neuesten Zeit war es vorbehalten, ein Verfahren ausfindig zu machen, das uns in den Stand setzt, diese Lichterscheinung nicht nur hinsichtlich ihrer Gestalt und ihres Glanzes, sondern auch mit Rücksicht auf den wesentlichen Charakter ihrer sonstigen Bildung naturgetreu nachzuahmen, und zwar namentlich mit Bezug auf die Stellung der Eiskristalle im Vergleich zu den Himmelsrichtungen. Wir erreichen dies dadurch, daß wir eine kalt gesättigte Alaunlösung in eine 10–20 mm dicke, gläserne Flasche (vgl. die Abbildung) gießen und durch Hinzufügung von schwachem Alkohol (10 oder 15 % vom Volumen der Alaunlösung) und minutenlanges Umrühren der Mischung einen Niederschlag erzeugen. Ein solcher langsamer Niederschlag mikroskopisch-kleiner Kristalle wird sich fast augenblicklich einstellen; bald werden wir sie, glänzenden Fünkchen gleich, in der Flüssigkeit umherschwimmen sehen. Nun haben wir nichts weiter zu tun, als durch die zuvor geschüttelte Flasche hindurch nach einem Licht zu sehen und wir werden dann nach und nach alle die Erscheinungen beobachten können, welche die Entstehung solcher »Höfe« bedingen. Unsere Abbildung bringt die Art, wie man dabei zu Werke zu gehen hat, deutlich zur Anschauung. Dem Beobachter wird bei diesem interessanten Versuch zunächst (d. h., solange die Kristalle noch groß und zahlreich sind) die Lichtquelle nebelhaft verschleiert erscheinen, bald aber klärt sich dieser Nebel und man sieht einen engen Kreis auftauchen, der einen kleinen Hof darstellt. Allmählich beleben sich die Farben desselben, und nicht lange währt es, so zeigt sich ein weiterer Hof von schwächerem Glanz und doppeltem Durchmesser, bis mit dem Niedersinken der Kristalle die Erscheinung ganz schwindet.

Glaskugel als Mikroskop

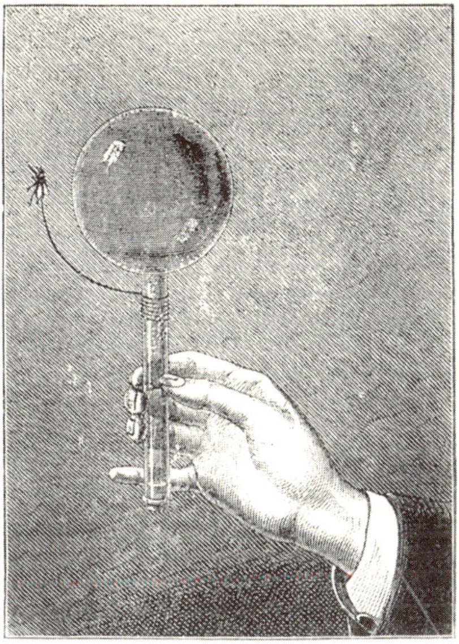

Wie gerne möchten wir oftmals ein gefangenes kleines Insekt, buntschillernden Schmetterlingsstaub oder irgendeinen anderen Gegenstand in einiger Vergrößerung betrachten, doch wir haben weder eine Lupe noch ein Mikroskop zur Hand, oder besitzen dergleichen überhaupt nicht. Da ist guter Rat teuer.

Durch unsere Abbildung und durch nachstehendes soll der Leser darauf hingewiesen sein, daß er unter den geschilderten Umständen keineswegs auf seinen Wunsch verzichten muß. Vielleicht findet sich unter den Utensilien, die er zu seinen physikalischen und chemischen Versuchen vorrätig hat, eine Glaskugel. Wozu? wird er fragen. Nun, um uns ein zwar sehr primitives, aber dennoch brauchbares Mikroskop herzustellen, denn wozu sollen wir immer gleich zu unserer Sparbüchse unsere Zuflucht nehmen, ein teures Instrument anzukaufen, sie verfehlte dann ja ganz ihren Zweck. Also haben wir eine Glaskugel gefunden, und zwar nach Möglichkeit eine, die nach unten zu in ein Röhrchen übergeht, so füllen wir die erstere mit klarem Wasser, die Mündung des letzteren, also des Röhrchens, stöpseln wir fest zu, so daß das Wasser, auch wenn wir die Röhre nach unten neigen, nicht ausfließen kann. Nun verfertigen wir, wie aus der vorstehenden Abbildung ersichtlich, einen Drahtarm, den wir einerseits an der Glasröhre, einfach durch mehrmaliges Umwinden, befestigen, andererseits bis zur Mitte der Glaskugel emporragen lassen. Ist es nötig, spitzen wir das Ende des letzteren Teils recht fein zu, und stecken darauf den zu beobachtenden Gegenstand, oder aber ein Papierblättchen, auf dem das Beobachtungsobjekt zweckdienlich zuvor schon befestigt wurde. Die Aufgabe wäre damit gelöst, denn halten wir nunmehr die Glaskugel so vor unser Auge, daß sie gleichsam die Vergrößerungslinse für das jenseits aufgesteckte Insekt oder Präparat bildet, wird uns dieses bedeutend vergrößert erscheinen.

Das metamorphosische Teufelchen

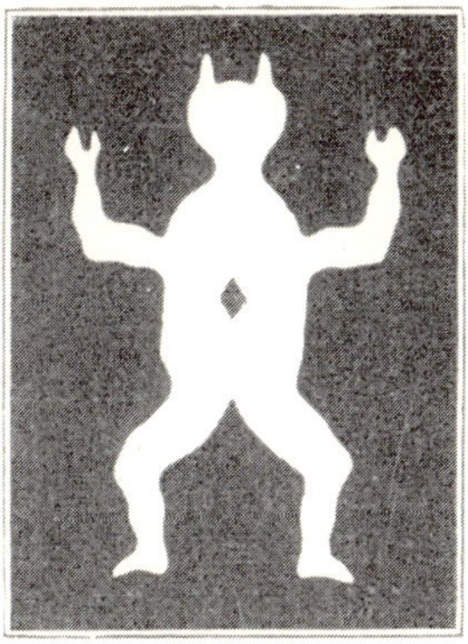

Sogenannte positive Nachbilder vermag man auf leichte und einfache Weise dadurch wahrzunehmen, daß man einen hell erleuchteten Gegenstand, etwa den Milchglasballon eines elektrischen Bogenlichts, kurze Zeit scharf fixiert, dann die Augen schließt oder auf einen dunklen Hintergrund richtet. Wir werden dann den fixierten Gegenstand geraume Zeit noch vor Augen haben. Das Nachbild wird am hellsten, wenn die Besichtigung des Gegenstandes nur 1/3 Sekunde angedauert hat. Aber es gibt auch negative Nachbilder, d. h. solche, welche die hellen Partien des besichtigten Objekts dunkel wiedergeben und umgekehrt hell erscheinen lassen, was am Gegenstand dunkel ist. Wir gewinnen sie, wenn wir einen hellen Gegenstand anhaltend fixieren, dann nicht etwa das Auge schließen, sondern im Gegenteil auf eine weiße oder überhaupt nur auf helle Flächen richten. Diejenigen Stellen der Netzhaut unseres Auges, die vorher helleres Licht empfingen, sind gegen die neue Helle abgestumpft, hingegen haben diejenigen Partien der Netzhaut, die vorher von den dunkeln Stellen des Objekts affiziert wurden, ihre volle Empfindlichkeit beibehalten. Folglich kehren sich die Gegensätze von Hell und Dunkel vollständig um.

Ein amüsantes Beispiel dieser Art Nachbilder bietet das Bild oben: ein weißes Teufelchen auf schwarzem Grund, das wir uns, wenn das vorliegende Buch gelegentlich einmal nicht vorhanden sein sollte, auch bei geringer zeichnerischer Veranlagung gewiß leicht und schnell selbst herstellen können. Fixieren wir den weißen Höllenbewohner, und am schärfsten den schwarzen Mittelpunkt, bis das Auge etwas ermüdet ist, und richten dann den Blick auf eine helle Fläche, etwa auf einen Bogen Papier oder noch besser auf die weiße Zimmerdecke, so wird dem Auge alsbald eine rechteckige weiße Fläche erscheinen, innerhalb welcher allmählich ein schwarzer Teufel auftaucht. Wer den Versuch macht, lasse sich nicht abschrecken, daß das Teufelchen nicht sofort seines Willens ist, d. h. nicht alsogleich erscheint; bei manchen Personen ist es sogar umgekehrt, sie sehen das letztere eher als die Fläche; jedenfalls aber mute man seinem Auge, dem unersetzlichen Sehorgan, nicht zu viel zu.

Gesichtstäuschung mittels eines Lineals

Gesichtstäuschungen entstehen durch die sogenannte Irradiation, d. h. Bestrahlung. Es ist dies eine eigentümliche, darin beruhende Erscheinung, daß beleuchtete Flächen nicht nur größer erscheinen als dunkle von derselben Größe, sondern sich oft auch anders darstellen, als sie wirklich sind.

Halten wir ein flaches Lineal nahe vors Auge gegen die Flamme einer Lampe oder einer Kerze, wie es der junge wißbegierige Mann auf unserem Bild macht, so scheint das Lineal an der Stelle, welche in einer Linie mit dem Auge und der Flamme liegt, eine konkave Einbuchtung zu haben. Das Bild der Flamme scheint also in der Tat über die dunkle Umgebung des Lineals an dieser Stelle überzugreifen, und so muß sich denn dieselbe notwendig so darstellen, als sei sie ausgeschnitten.

Ganz dieselbe Erscheinung können wir wahrnehmen, wenn wir uns in einem dunklen Zimmer befinden und eine Ritze oder kleine Öffnung betrachten, durch welche ein Lichtstrahl fällt. Wir werden die Öffnung für viel größer halten, als sie in der Tat ist. Ebenso wird es uns ergehen, wenn wir einen vom Sonnenuntergang beleuchteten Dachfirst ins Auge fassen; er wird uns, auch wenn er schnurgerade ist, ausgebuchtet erscheinen. In diesen beiden letztgeschilderten Fällen greift der Lichtschimmer über die dunklen oder nicht direkt beleuchteten Teile der Gegenstände ebenfalls über und verändert scheinbar ihr Aussehen. Eine Tatsache, die unseren Landschaftsmalern, Bildhauern und Bautechnikern sehr gut bekannt ist, und die sie bei Ausführung ihrer Kunstwerke oftmals nur zu sehr in Berechnung ziehen müssen.

Kreise, die sechseckig erscheinen können

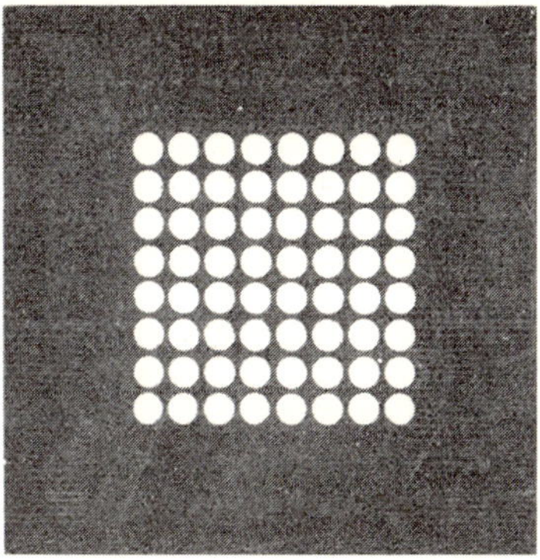

»Glauben Sie, daß Ihnen die kleinen weißen Kreise auf schwarzem Grund, die Sie auf dem Bild hier sehen, unter Umständen sechseckig erscheinen können?«

»Nein, – das glaube ich nicht!«

»Sie sind ein ungläubiger Thomas, sollen aber sogleich eines anderen überzeugt werden.«

Wir stellen das Blatt so auf, daß unser Ungläubiger die Kreise aus der Entfernung von 1–2 m zu sehen erhält.

»Nun, sind die Kreise noch rund?« fragen wir.

Erstaunt wird er aufblicken und zugeben, daß sie ihm jetzt sechseckig erscheinen, ja er wird, wenn er ein guter Beobachter ist, uns auch sein Befremden kundtun, daß die Räume zwischen den Kreisen auf diese Entfernung nicht mehr schwarz, sondern grau oder sogar weißlich aussehen.

Der Versuch beruht ebenfalls auf der sogenannten Irradiation, die wir schon beim letztgeschilderten Experiment kennengelernt haben. Die Ränder der Kreise scheinen überzugreifen und erscheinen darum größer und anders als sie wirklich sind.

Eine verwandte Gesichtstäuschung bietet das schwarze Dreieck im weißen, und das weiße im schwarzen Feld.

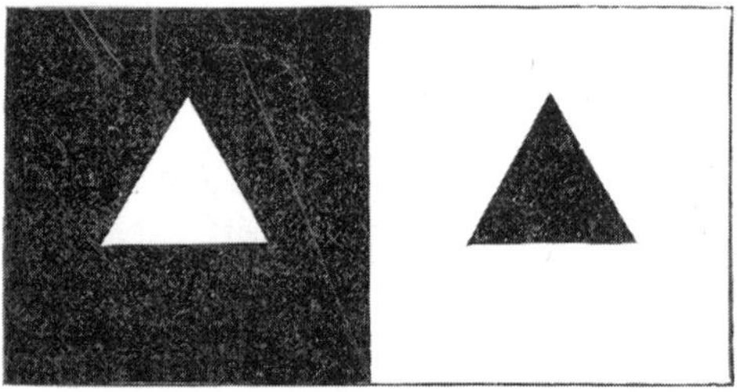

Man mag sich eines noch so guten Augenmaßes rühmen, jedermann, der die Frage vorgelegt erhält, welches der beiden Dreiecke das größere ist, wird sich für das weiße entscheiden, und sein Beobachtungsresultat ist unrichtig, denn die beiden Dreiecke sind tatsächlich kongruent. Sie bestätigen übrigens ebenfalls das bei den beiden letzten Experimenten über die Bestrahlung Gesagte. Es ist nämlich ferner ganz deutlich zu bemerken, daß die Seiten des weißen Dreiecks konvex erscheinen, während bei dem schwarzen das Gegenteil der Fall zu sein scheint.

Wie hoch ist ein Zylinderhut?

Wir stellen einen gewöhnlichen Zylinderhut auf den Tisch und bitten einen Anwesenden, dessen Höhe vom Fußboden an aufwärts an der Wand mit der Hand zu bezeichnen.

Es geschieht.

Nun nehmen wir den Hut und stellen ihn zur Probe unter die Hand auf den Boden.

Allgemeine Heiterkeit!

Der Augenmaßkünstler sieht gar verdutzt darein, denn er hat weit fehlgeschossen, das Hutmaß nämlich mindestens um eine Handbreit höher angegeben, als es in Wirklichkeit beträgt.

Nun setzen wir den Zylinderhut auf und stellen die Frage, wie sich die Höhe desselben Hutes zu seiner Breite verhält.

Die böse Erfahrung, die der erste Versuchskünstler zu verzeichnen hat, wird die Anwesenden nun recht bedächtig stimmen, denn sie wissen: wer den Schaden trägt, bekommt obendrein auch noch den Spott. Sie werden nacheinander verschiedene Meinungen abgeben, der eine wird sagen, die Höhe des Hutes ist gleich $1^1/_2$mal der Breite, der andere gleich $1^1/_3$, ein dritter behauptet, er sei es $1^1/_4$mal usw. Wir dürfen ziemlich sicher sein, daß niemand die Ansicht äußert, daß die Breite des Hutes gleich seiner Höhe ist, es müßte denn ein Hutfabrikant unter unserem Auditorium sich befinden, denn ein solcher müßte es doch füglich wissen.

Und warum allgemein diese Täuschung?

Einfach, weil niemand gewohnt ist, von den aufgebogenen Krempen AB die Senkrechte herabzufällen und so die Breite zu messen, welche AB gleich der Höhe CD ist, wovon man sich im beigegebenen Bild durch Messung überzeugen kann.

Mosjö* Großkopf

Die photographische Kunst, der man bisher nachrühmte, in ihren Darstellungen die größte Naturtreue zu wahren, hat es in neckischer Weise dahin gebracht, die von ihr geübte, getreu kopierende Sonnenlichtmalerei zur scherzhaften Unwahrheit zu zwingen, wie wir beispielsweise an dem hier abgebildeten zierlichen Persönchen sehen, dem ein unverhältnismäßig großer, doch an sich wohlgebildeter

Kopf aufgesetzt ist. Derartige Photographien sind zwar keine neue Erfindung, indessen ist es vielleicht doch noch manchem unserer Leser unklar, wie ein solches photographisches Bild hergestellt wird.

Man nimmt zu diesem Zweck die Photographie der Person, mit welcher man sich den Scherz erlauben will (und darf!) und schneidet aus einem Stück weißen Papiers den Kopf nach seinem Umriß genau heraus, so daß durch Auflegen dieses Papiers auf jene Photographie der Kopf allein sichtbar ist. Um den kleinen Körper dazu zu erhalten, nimmt man irgendein passendes Bild von geeigneter Größe, vielleicht aus einem Journal, schneidet demselben den Kopf ab, klebt dann den Körper unter den vorher erwähnten großen Kopf und zeichnet, wenn dies nötig erscheint, einen Hals dazu. Wer die zeichnerische Fertigkeit besitzt, hat dies natürlich gar nicht nötig, sondern zeichnet oder malt aus eigener Erfindung frisch darauf los, und hat es dann in der Hand, auch sonst noch der Laune oder dem Schabernack die Zügel schießen zu lassen. Die also hergestellte Karikatur wird dann in der üblichen Weise photographiert und dadurch ein photographisches Bild erhalten. Um die Täuschung zu erhöhen, kann durch Zeichnung oder auf sonst passende Weise dem Bild auch noch irgendein Hintergrund gegeben werden.

* Verballhornung von Monsieur. Das Wort stand im 19. Jahrhundert für einen eingebildeten Menschen. (Anm. des Hrsg.)

Die photographische Büste

Hinter der Anfertigung der Scherzphotographien, deren Zustandekommen auf den ersten Blick oftmals ganz unbegreiflich erscheint, steckt immer nur ein Kunstkniff, so auch hier, bei Aufnahme einer photographischen Büste. Der Leser betrachte das umstehende Bild, es besagt mehr als viele Worte. Er erkennt, daß man die aufzunehmende Persönlichkeit einfach hinter eine kurze hohle Säule oder ein Postament aus marmorartig übermaltem Holz stellt. Auf dieses letztere kommt eine Plinthe von Gips zu stehen. Soll die Person, wie es hier der Fall ist, z. B. einen griechischen oder römischen Feldherrn darstellen, so setzt man ihr einen Helm aus weißbemalter Pappe auf, pudert Haare, Gesicht und obere Brust stark mit Reismehl, umgibt die Schultern bis über die Ellbogen herab mit weißem Flanell, den man dem Sujet entsprechend recht malerisch drapiert, und photographiert so diese Gestalt auf schwarzem, mattem Hintergrund. Auf diese Weise wird man das Negativbild einer Marmorbüste erhalten, die dem Freund, den wir solcherweise zu einer heroischen Größe stempeln, sicherlich viele Freude bereiten wird.

Es soll nicht unerwähnt bleiben, daß der Photographie durch das Anbringen einer alt scheinenden Inschrift auf dem Postament noch mehr antikes Gepräge verliehen werden kann, und daß man sich solcherweise je nach ihrer lustig-rätselhaften Fassung auch noch einen weiteren Heiterkeitserfolg zu sichern vermag. Freilich darf die zu photographierende Persönlichkeit davon nicht wissen, und da nehmen wir einfach einen Vorhang zu Hilfe, den wir im letzten Augenblick wegziehen; der römische Held merkt es nicht, denn er steht ja hinter dem Postament und hat in diesem wichtigen Augenblick überdies ›recht freundlich‹ geradeaus zu blicken.

Der Mann in der Flasche

Daß wir auch in dem vorstehenden Bild die naturgetreue Holzschnittnachbildung einer Photographie zu erkennen haben, wird dem verehrten Leser auf den ersten Blick nicht recht glaubhaft erscheinen. Dem entgegen können wir versichern, daß der Vorgang, dem wir dieses allerdings überraschende und originelle photographische Kuriosum verdanken, ein höchst einfacher ist; die nachfolgende Anleitung setzt jeden Liebhaberphotographen in den Stand, ähnliche scherzhafte Aufnahmen zu bewerkstelligen, bei einiger Findigkeit und Geschicklichkeit vermag er unsere Kunstleistung vielleicht sogar noch zu übertrumpfen.

Um also den Mann in die Flasche zu photographieren, stellen wir letztere – selbstverständlich haben wir eine recht durchsichtige gewählt – ziemlich nahe vor das Objektiv, dahinter, in größerer Entfernung, den Mann, und zwar sorgen wir, daß er auf einem mit schwarzem Tuch belegten Untersatz Aufstellung nimmt. Natürlich muß auch der Hintergrund dunkel sein. Nun überzeugen wir uns auf der Mattglasscheibe, daß beide Objekte gleich groß erscheinen, d. h. daß die Flasche den Mann zu umschließen scheint, wobei wir das Glas je nach Notwendigkeit rücken, oder den Mann noch etwas weiter vor- oder zurückbitten, um alsdann beide, Mann und Flasche, nacheinander einzeln auf ein und derselben Platte aufzunehmen. Im übrigen beruht die weitere Herstellung der Photographie auf dem gewöhnlichen Vorgang.

Ist der Mann in gewissem Sinn kein Verächter des (gefüllten) »Fläschchens« und ein genauer Bekannter von uns, mit dem wir uns einen Scherz erlauben dürfen, dann verwenden wir natürlich kein Medizinfläschchen, sondern besser eine richtige helle Rheinweinflasche, setzen unter die Photographie einige neckische Verse, und hätten somit eine unter Umständen ganz willkommene und amüsante Dedikation, eine Geburtstags- oder Familienfesterinnerung zustande gebracht.

Der Riesenlampe

Wo haben die beiden Nimrodglückspilze den Riesenhasen her? Das photographische Bild ist augenscheinlich nur durch eine einzige Aufnahme entstanden, ergo muß Freund Lampe richtig von dieser außerordentlichen Größe gewesen sein – ein Naturwunder, wozu unsere Naturgeschichtskundigen ungläubig die Köpfe schütteln. Und sie haben nicht unrecht, denn auch hier hat beim Zustandekommen des photographischen Bildes ein Kniff mitgewirkt, der den ganz gewöhnlichen Hasen hat zum Riesen werden lassen.

Bekannt ist, daß bei photographischen Aufnahmen die über die Brust gehaltenen Hände im Verhältnis zum Körper erkenntlich größer erscheinen, aus dem einfachen Grund, weil sie dem Objektiv näher gerückt sind; sie erscheinen aber unnatürlich groß, wenn man sie ausgestreckten Armes gegen den Aufnahmeapparat vor sich hin hält. Auf ganz demselben Vorgang beruht das Zustandekommen der Photographie, wie sie uns aus der Abbildung oben entgegentritt. Der Hase hing nämlich, als die Aufnahme stattfand, gar nicht an dem Stock, dessen Enden die Träger auf der Schulter liegen haben, sondern er war vermittelst eines dünnen Drahtes vor ihnen, also dem Objektiv des Apparates viel näher als sie, so hoch aufgehängt, daß auf der Mattglasscheibe die Enden seiner Hinterläufe gerade über jenen Stock hinauszuragen schienen. Es hatte dadurch Freund Lampe gegenüber den Männern an Größe in der ersichtlichen Weise gewonnen, und die Aufnahme erforderte solchermaßen tatsächlich nur eine einzige Exposition. Wo aber blieb die Vorrichtung, an der der Hase aufgehangen war, die auf dem Bild nicht ersichtlich ist? Das Wild hing einfach an einem Draht, der genau in der Linie des dunklen Baumstammes im Hintergrund senkrecht niederführte, und so bei der Aufnahme unsichtbar blieb. – Es wird den Liebhaberphotographen unter unseren Lesern nach diesem Vorbild nicht schwer werden, bei Gelegenheit einen ähnlichen photographischen Scherz zu ihrem eigenen und anderer Vergnügen vom Stapel zu lassen.

Der eigene Kopf gefällig?

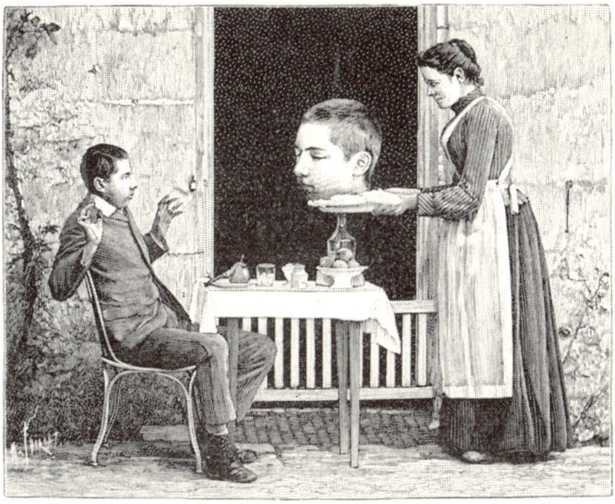

Eigenartige Wirkungen erzielt man auch durch zusammengesetzte photographische Bilder, indem man zwei Aufnahmen auf einer Platte hervorruft. Dazu bedürfen wir vor allem eines dunkeln Hintergrundes, wie ihn u. a. die in einen dunkeln Raum führende Türöffnung darbietet. Betrachten wir als Beispiel die Entstehung des seltsamen Bildes, das wir oben vorführen, auf dem einem Gast zu seinem nicht geringen Grausen der eigene Kopf als Imbiß vorgesetzt wird. Wollen wir ein solches Bild herstellen, verfahren wir wie folgt: Nachdem wir das Objektiv auf die dunkle Türöffnung gerichtet haben, lassen wir den »Gast« so vor den Apparat treten, daß eine verhältnismäßig große Aufnahme seines Kopfes möglich wird. Wir zeichnen mit Bleistift den Umriß des Kopfes auf die matte Glasscheibe, schneiden aus einem geschwärzten Kartonblatt eine ebenso große Partie heraus und stellen dieses in der ersten Falte des Balges (also dicht vor der Platte) so auf, daß durch die Öffnung hindurch nur die mit Bleistift umzogene Fläche beleuchtet wird und hier der Kopf zu sehen ist. Nun schieben wir die photographische Platte ein und machen eine Aufnahme des Kopfes. Die Platte hätten wir hierauf zu entfernen und die Aufnahme des übrigen Teils des Bildes vorzubereiten. Der Gast setzt sich jetzt mit dem Ausdruck und der Geste des Entsetzens auf den Stuhl, und die Aufwärterin trägt einen mit einer Serviette bedeckten Teller herzu, den sie genau so halten muß, daß der auf der matten Glasscheibe gezeichnete Kopf auf diesem zu stehen scheint. (Natürlich haben wir vorher den Karton aus dem Balg entfernt.) Wiederum schieben wir die Platte ein und machen eine Aufnahme. Der bereits photographierte Kopf wird dabei durch den dunkeln Hintergrund nicht verändert, und es entsteht das in seiner Gesamtwirkung höchst seltsame Bild. Auch hier überlassen wir es unseren aufnahmslustigen Lesern, sich noch andere Zusammenstellungen auszudenken, z. B. eine Tafelrunde, deren Teilnehmer sämtlich dieselbe Person sind, u. a.

Fluoreszierender Farbstoff

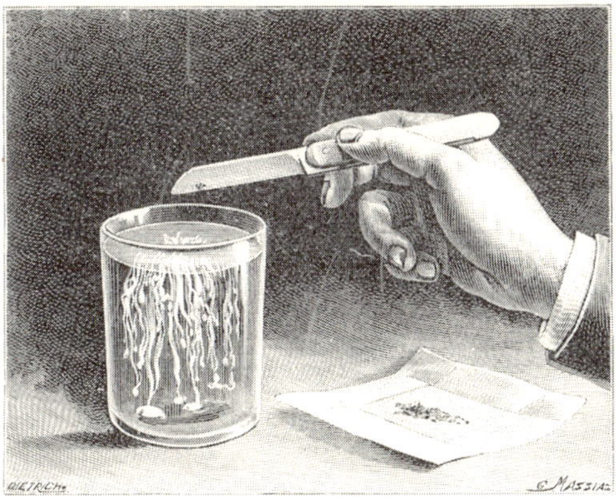

Gewisse Körper haben die merkwürdige Eigenschaft, unter dem Einfluß des von ihnen absorbierten Lichtes mit eigentümlich farbigem Schimmer selbst zu leuchten. Man nennt diese Erscheinung, weil sie zuerst am Flußspat beobachtet wurde, Fluoreszenz. Sie zeigt sich u. a. am gelblichen Petroleum. Läßt man z. B. durch eine Konvexlinse von etwa 6–8 cm Brennweite, also durch ein gewöhnliches Brennglas, Sonnenlicht in das Petroleum fallen, wobei die Linse so zu halten ist, daß der Brennpunkt etwas unter der Oberfläche der Flüssigkeit liegt, so sieht man den Lichtkegel in der Flüssigkeit mit lebhaft hellblauem Licht leuchten, am deutlichsten, wenn sich unter dem Gefäß eine schwarze Fläche befindet. In schönster Weise aber kann man die Fluoreszenz an den Steinkohlenteerfarben beobachten, die in neuerer Zeit eine so große Bedeutung gewonnen haben. Der nachfolgende Versuch mag dem Leser die hübsche Erscheinung noch näher bekanntmachen.

Wir füllen ein gewöhnliches Trinkglas mit Wasser und warten zunächst, bis sich der Inhalt des Glases vollkommen beruhigt hat. Nun werfen wir mit der Spitze einer Taschenmesserklinge ganz wenige Körnchen Fluoreszein auf die Wasserfläche. Dieser dunkelrote Farbstoff löst sich in Wasser sehr langsam auf, die Körnchen sinken also ziemlich unversehrt zu Boden, lassen aber kometenartig hinter sich einen gelben Schweif zurück, der in prachtvoller Weise grün fluoresziert. Statt Fluoreszein können wir auch andere Teerfarben wie Eosin, Erythrosin u. a. verwenden, die ebenfalls fluoreszieren. Die nicht fluoreszierenden Farben haben natürlich in dem Wasser einen einfarbigen Schweif, so z. B. Malachitgrün, Kokain, Französischrot usw. Bereiten wir aus ihrem Pulver ein Gemisch, so erhalten wir ein vielfarbiges Durcheinander verschlungener Schweife.

Es sei noch bemerkt, daß nur ganz minimale Mengen für unseren Versuch nötig sind. Hat man ein Quantum Farbstoff auf Papier ausgebreitet und schüttet es von da in die Farbenbüchse zurück, so genügt vollständig das Wenige, was an dem Papier haften geblieben ist, also so viel, als sich mit der Messerklinge von ihm abschaben läßt.

Die elektrischen Tänzer

Auch die Elektrizität, welche heute in der Technik und im menschlichen Haushalt eine so sehr wichtige Rolle spielt, läßt sich in ihren einfachsten Erscheinungen zu hübschen Versuchen und Scherzen ausbeuten. Um für diese Behauptung sogleich den Beweis zu erbringen, verschaffen wir uns eine ganz gewöhnliche Glastafel von etwa 35 cm Länge auf ungefähr 25 cm Breite, die wir so zwischen zwei einigermaßen behäbige Bücher legen, wie dies in unserer Abbildung dargestellt ist. Die Entfernung der Glasplatte von der Tischoberfläche betrage ungefähr 5 cm. Dann schneiden wir mit der Schere eine Anzahl kleiner Figuren: Herren, Damen, Pierrots, Frösche, kleine Teufelchen u. dergl. aus, die nicht höher als etwa 2 cm sein sollen, am besten aber die Größe haben, wie sie in den oberen Figürchen unseres Bildes gegeben ist. Wir werden dieselben aus verschieden buntem Papier herstellen, was ihnen zugleich einen recht hübschen Anblick verleiht. Die Figürchen bringen wir dann in den Raum zwischen der Glastafel und dem Tisch, wo wir sie in beliebiger Anordnung flach auf die Tischplatte nebeneinanderlegen. Dann machen wir uns aus einem wollenen, oder noch besser aus einem seidenen Tuch eine Art Knäuel oder Bausch, erwärmen diesen etwas, und reiben damit recht kräftig die obere Seite der Glastafel. Sogleich werden wir wahrnehmen, wie die durch diesen Vorgang entwickelte Elektrizität die Papierfigürchen anzieht, wie sie sich plötzlich aufrichten, und an dem gläsernen Plafond ihres Ballsaales emporhüpfen, bald abgestoßen werden und zurückfallen, dann wieder ihren lebhaften und komischen Tanz von neuem aufnehmen. Sobald wir zu reiben aufhören, setzt sich das muntere Treiben noch ein Weilchen fort; hat der Tanz ein Ende, genügt schon die Berührung der Glastafel mit der Hand, um die Figürchen aufs neue wieder zu beleben.

Elektrischer Fischfang

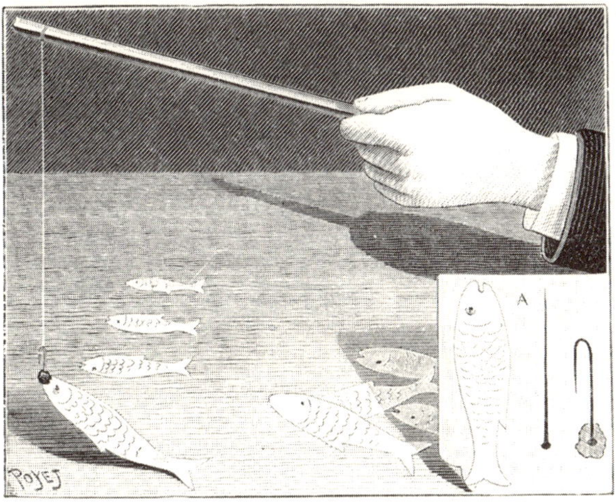

Mit dem Spielzeug, das unser Bild darstellt, können wir der lieben Jugend viele Freude bereiten. Wir stellen zunächst das Angelgerät zusammen: die Rute sei ein etwa 30–40 cm langes Stäbchen, die Schnur entnehmen wir, natürlich mit Erlaubnis, dem Familiennähtisch, die Angel verfertigen wir aus einer Nadel (s. die Biegung in der Zeichnung oben A) und an die letztere befestigen wir ein Siegellackkügelchen. Verstehen wir statt dem letzteren als Köder einen Wurm zu formen, wird das Spiel an natürlichem Reiz gewinnen. Nun schneiden wir aus leichtem Papier die Form kleiner Fischchen und zeichnen darauf mit dem Farbenstift die Augen, Schuppen und Flossen. Sind wir geschickt genug, können wir auch noch einen viereckigen Pappkasten ohne Boden und Deckel fertigen, also oben und unten offen, er sei das Aquarium; die Außenwände desselben werden wir dementsprechend ebenfalls bemalen.

Um den Fischfang zu beginnen, legen wir die Fischchen auf den Tisch oder in das Aquarium, und bestimmen die Spielregel. Wer zuerst die meisten Fischchen gefangen hat, erhält den oder jenen Preis. Selbstverständlich müssen dann so viel Angelruten vorhanden sein, als wir Spielteilnehmer zählen. Wie man sich beim Fang selbst anzustellen hat, brauchen wir nicht erst weitläufig zu schildern, denn der Leser weiß recht gut, daß Siegellack durch Reibung elektrisch und anziehungsfähig wird.

Das Spiel kann aber auch durch Magnetismus ausgeübt werden. In diesem Fall befestigen wir an dem Schnurende der Angel kleine Hufeisenmagneten, zu den Fischchen nehmen wir stärkere Pappe und versenken in den Mund derselben je ein kleines festsitzendes Eisenteilchen. Der Spielapparat gewinnt dadurch an Haltbarkeit, und kann in müßigen Stunden öfter einmal hervorgeholt werden.

Viel Vergnügen brauchen wir zu dem Spiel nicht erst lang zu wünschen, denn das stellt sich, wie wir aus Erfahrung wissen, ganz von selber ein.

Ein Messer magnetisch zu machen

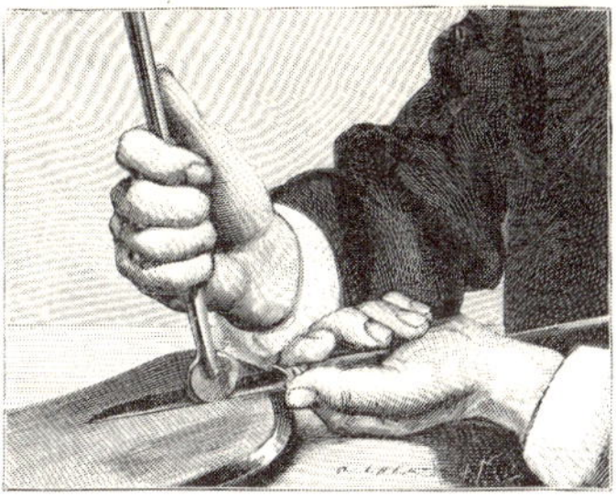

Um einen Stahlstab magnetisch zu machen, streicht man ihn bekanntlich mit einem kräftigen Magneten. Die zum Nordpol bestimmte Hälfte des Stabes wird auf jeder Seite etwa zehnmal mit dem Südpol des Magneten überstrichen, wobei man jedesmal in der Mitte (fest) ansetzt; man fährt dabei mit mäßiger Geschwindigkeit über das Ende hinaus und im Bogen durch die Luft nach der Mitte zurück. Ebenso wird mit der zum Südpol bestimmten Hälfte des Stabes verfahren, indem man den Nordpol des Streichmagneten verwendet. Zweckdienlich ist, den Stahlstab mittels eines schmalen Eisenbandes genau in seiner Mitte aus der hölzernen Unterlage zu befestigen. Kräftigere Magnete mit sehr regelmäßiger Verteilung des Magnetismus erhält man, wenn man die entgegengesetzten Pole zweier mindestens nahezu gleich starker Magnetstäbe so auf die Mitte des Stabes setzt, daß jeder mit der auf seiner Seite befindlichen Hälfte desselben einen

Winkel von 30° macht, und dann mit gleicher Geschwindigkeit beide Magnete zugleich, jeden über das Ende seiner Seite hinausführt. Man kehrt auch hier im Bogen durch die Luft zum Mittelpunkt des Stabes zurück und setzt die Magnete wieder auf, sorgt aber dafür, daß sie sich niemals berühren.

In nachfolgendem soll nun aber der Versuch geschildert werden, wie wir unser Taschenmesser oder ein gewöhnliches Tischmesser magnetisch machen können. Zu diesem Zweck verfahren wir, wie in unserem Bild angedeutet: wir legen die Klinge des Messers auf die Außenseite einer Kohlenschaufel. Dann streichen wir kräftig mit dem Rand der Backenflächen einer zusammengedrückten Feuerzange, immer in derselben Richtung von oben nach unten, also von dem Griff nach der Spitze des Messers zu, auf der Klinge desselben entlang. Das Messer müssen wir öfters umdrehen, so daß es auf beiden Seiten gleich ausgiebige Streichung erfährt. Haben wir die Manipulation 40–50 Sekunden lang fortgesetzt, so ist die Messerklinge magnetisch geworden. Sie hebt eine Nähnadel, mit der sie in Berührung gebracht wurde, mit Leichtigkeit auf, eine mit der Messerspitze berührte Stahlfeder bleibt fest an ihr haften. Der auf diese Weise hervorgerufene Magnetismus hält sich lange. Der einfache Vorgang findet sich gewöhnlich nicht in den Lehrbüchern der Physik und ist doch interessant genug, um zum Studium einzuladen. Bei näherer Untersuchung wird sich herausstellen, daß die Spitze des Messers der Nordpol wurde.

Teebrett als Elektrophor

Einen richtigen Elektrophor herzustellen bedarf immerhin ziemlicher Arbeit, besonders die Bereitung des Harzkuchens erfordert sorgfältige Behandlung. Gewöhnlich schmilzt man in einer irdenen oder messingnen Pfanne über mäßigem Feuer 1 Teil Wachs, setzt 1 Teil Terpentin hinzu und dann allmählich in kleinen Portionen und unter vorsichtiger Verstärkung des Feuers 5 Teile Schellack. Dabei muß man beständig rühren und vor jedem neuen Zusatz von Schellack warten, bis das schon Zugesetzte größtenteils geschmolzen und der Rest mindestens breiig geworden. Wollte man diese Vorsichtsmaßregel außer acht lassen, so würde sich der Schellack leicht in eine fernerhin fast unschmelzbare Masse verwandeln. Sind alle Substanzen geschmolzen und gut gemischt, so läßt man das vom Feuer genommene Geschirr eine Weile ruhig stehen, erwärmt inzwischen die Form, stellt sie vollkommen horizontal und gießt die Harzmischung, um die Bildung von Bläschen zu vermeiden, recht vorsichtig hinein. Man läßt langsam erstarren, die Oberfläche muß durchaus eben sein.

In nachstehendem soll nun Anleitung gegeben werden, einen Elektrophor einfachster Art herzustellen, und er soll dabei dennoch bezüglich seiner Leistungsfähigkeit nichts zu wünschen übrig lassen. Zu diesem Zweck nehmen wir ein 30–40 cm langes lackiertes Teebrett aus Weißblech und stellen es auf zwei Weingläser. Wir fertigen ferner aus steifem Papier eine Scheibe und befestigen an derselben mittels Siegellack zwei papierne Handhaben. Wenn wir nun diese Scheibe auf einem wohlgeheizten Ofen oder im Sommer auf dem Kochherd scharf austrocknen, dann auf einen Tisch legen und mit einer steifen Kleiderbürste kräftig bürsten, wird das Papier alsbald stark elektrisch werden. Wir heben dasselbe nunmehr vom Tisch ab, legen es auf das Teebrett und berühren es am Rand; wir können alsdann mit dem Knöchel des Fingers einen elektrischen Funken von 1 cm Länge aus dem Teebrett ziehen. Halten wir das gebürstete Papier aber über auf dem Tisch liegende Korkstückchen, Papierschnitzel und dergleichen leichte Gegenstände, so werden sie auf beträchtliche Entfernung von dem elektrischen Karton angezogen und dann wieder abgestoßen.

Eine einfache Leydener Flasche

Eine Leydener Flasche herzustellen ist keineswegs schwierig. Wir verschaffen uns eine Einmachbüchse aus gut isolierendem Glas (das wir auf diese letztgenannte Eigenschaft hin sorgfältig untersuchen), stellen die Büchse warm und kochen einen guten Leim. Hierauf bekleben wir das Glas außen und innen, Boden und Wandung, mit Stanniol. Zeigen sich dabei Beulen und Blasen, die durch Reiben nicht zu beseitigen sind, machen wir mit dem (scharfen) Federmesser einen sauberen Schnitt, und reiben dann von neuem, bis das Stanniol glatt anliegt. Wir beginnen bei dieser Arbeit auf der Innenseite der Flasche, bekleben zuerst den Boden, und zwar so, daß das Stanniolstück bis an die senkrechte Wand reicht (am Ende so weit notwendig mehrfach einschneiden!), und dann die Wand selbst mit Streifen. Gleicherweise verfahren wir mit der Außenseite. Der unbelegte Rand soll je nach der Größe der Flasche 5–10 cm breit sein. Alsdann besorgen wir eine kreisförmige Pappscheibe, so groß, daß sie gerade in die Glasbüchse hineingeht, um auf den Boden gelegt zu werden, und versehen die Büchse außerdem mit einem Holzdeckel. Beide, Pappscheibe und Deckel, durchbohren wir in der Mitte derartig, daß sich ein Draht, Stab oder Rohr aus Metall hindurchstecken läßt, dessen Länge die Höhe des Glasbehälters um etwa 7 cm übertrifft. Diesen Stab versehen wir an seinem oberen Ende mit einer Metallkugel, am unteren Ende mit einem Stanniolbüschel, mit Hilfe dessen er in leitender Verbindung mit dem inneren Belag des Glases steht, und die Leydener Flasche ist fertig.

Man sollte denken, daß man einfacher nicht zu Werke gehen könnte, und dennoch haben wir ein Rezept ausgeklügelt, das uns binnen wenigen Sekunden den gleichen Zweck erreichen läßt. Wir nehmen einfach ein Trinkglas, füllen es zur halben Höhe mit Schrotkörnern, stecken einen silbernen Löffel hinein, und die Aufgabe ist bereits gelöst, die Flasche ist fertig. Wir laden sie mit dem vorhin beschriebenen Elektrophor, indem wir dem Teebrett die Elektrizität nicht mit dem Finger, sondern mit dem Kaffeelöffel entziehen und wiederholen das mehrfach; die Ladung kann auch hier so stark werden, daß die Empfindung beim Entladen durch die Hand unangenehm wird.

Die verzauberten Fische

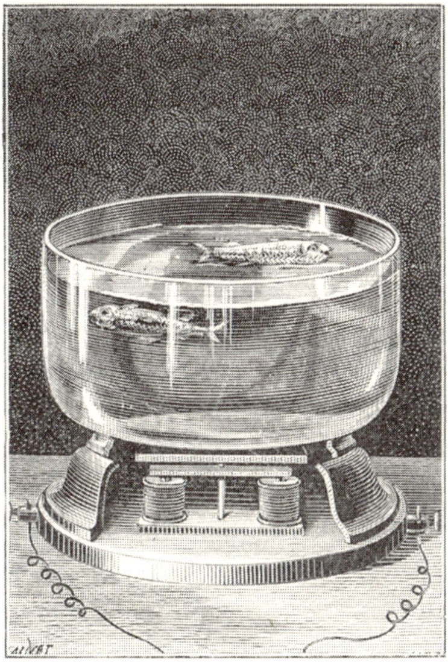

Auf Jahrmärkten und in den Spielwarenläden kann man oft ein hübsches physikalisches Spielzeug sehen: mit Hilfe eines Magnetstäbchens lassen sich da in einem Wasserbecken sehr täuschend der Natur nachgebildete, schwimmende blecherne Goldfischchen, auch Enten, Schwäne u. dergl. (oft sind dieselben auch aus Holz oder Kork gefertigt, und haben dann einen kleinen Eisenstift im Mund), ohne sie zu berühren, in jeder beliebigen Richtung umherführen.

Im Prinzip das gleiche, jedoch in seiner Wirkung überraschender, da der bewegende Apparat hier nicht sichtbar, ist die in unserer Abbildung dargestellte Variante dieses Spielzeugs.

Hier ruht der Wasserbehälter auf einem hölzernen Kästchen; der innere Raum des letzteren birgt einen Elektromagneten, über dessen Polen als Anker ein um eine vertikale Achse leicht drehbarer konstanter Stabmagnet angebracht ist. Die Zuleitung des elektrischen Stromes geschieht durch einen Stromwender, wodurch ermöglicht wird, die Pole des Elektromagneten zu wechseln und der drehenden Bewegung des Stahlmagneten, infolge des bekannten eigentümlichen Verhaltens der gleichnamigen und ungleichnamigen Magnetpole, bald die eine, bald die entgegengesetzte Richtung zu geben. Dies alles bleibt durch das Holzkästchen dem Auge des Beschauers verborgen. Immer aber werden die oben im Wasser schwimmenden Goldfische von diesem Magneten angezogen, dessen jeweiliger Bewegung sie folgen, und der Nichteingeweihte wird nur zu leicht verführt werden, die munteren blechernen Schwimmer für natürliche Wesen zu halten. Es ist keineswegs schwer, sich ein solches Spielzeug selbst herzustellen, das zugleich einen schätzenswerten Zimmerschmuck bildet. Auf einen Blumentisch gestellt, von hübschen Blattpflanzen umgeben, wird der Apparat ganz und gar das Bild eines richtigen Aquariums gewähren.

Der Induktionskreisel

Wenn eine Metallmasse sich in der Nähe eines Magneten – in einem magnetischen Feld, wie man zu sagen pflegt – bewegt, so übt das magnetische Feld eine Wirkung auf die Metallmasse dahin aus, daß es ihre Bewegungen aufzuhalten sucht. Diese Wirkung ist zur Verbesserung verschiedener wissenschaftlicher Meßinstrumente in außerordentlich sinnreicher Weise verwendet worden. Hier soll jedoch nur ein einfacher Versuch geschildert werden, der durch sein Resultat den Leser von dem Vorhandensein jener eigentümlichen Wirkung, der Induktionswirkung, überzeugen soll.

Wir versetzen zu diesem Zweck einen Kreisel, dessen Scheibe aus weichem Eisen besteht, in bekannter Weise mittels eines Fadens in Bewegung. Während er noch in Ruhe war, wurde er von einem Magneten in seiner Nähe angezogen; wenn wir jetzt aber dem sehr rasch rotierenden Kreisel den Magneten so nähern, daß die Schenkel desselben auf der Ebene der Scheibe senkrecht stehen, werden wir eine lebhafte Abstoßung bemerken, welche um so deutlicher auftritt, je stärker der Magnet und je geringer seine Entfernung von der Eisenscheibe ist. Wenn nun aber nach und nach die Schnelligkeit der Rotation unter eine gewisse Grenze sinkt, zeigt sich allmählich wieder eine Anziehung, bis schließlich der Kreisel an dem Magneten hängen bleibt.

Die Erklärung dieser merkwürdigen Erscheinungen ist nach dem oben Gesagten sehr einfach. Wenn die Scheibe sich mit großer Schnelligkeit in der Nähe des Magneten bewegt, ist sie der Sitz von Induktionsströmen. Zwischen diesen Induktionsströmen nun und dem Magneten selbst findet eine Abstoßung statt, deren Größe abnimmt mit der abnehmenden Geschwindigkeit der Rotation des Kreisels. Und wenn dann eine bestimmte Grenze der Geschwindigkeitsabnahme erreicht ist, findet eine Wiederanziehung statt. – Daß an diesem Verhalten des Kreisels wirklich nur die Induktionsströme schuld sind, zeigt sich aus dem Versuch, daß der sehr rasch rotierende Kreisel von dem Magneten auch dann angezogen wird, wenn der letztere mit seinen beiden Schenkeln parallel und nahe dem Rand der Scheibe liegt. In diesem Fall können aus Gründen, deren theoretische Erklärung hier zu weit führen würde, keine Induktionsströme in der Scheibe entstehen.

Thermoelektrische Strömungen

Ein hübsches Experiment! Freilich müßte man sich der Mühe unterziehen, den dazu erforderlichen Apparat selbst herzustellen. Doch das macht den wenigsten unserer Leser Kopfzerbrechen: Also zuerst der Apparat! Er besteht in der Hauptsache aus einem vielspeichigen Rad. Das Material ist verschiedener Art, beim Radkranz eine Legierung von Nickel und Kupfer, bei den Speichen Kupferdraht. Die Nabe des Rades bildet ein Plättchen aus Kupferblech. Als Lötmaterial dienen Lötwasser und Zinn. Zunächst hätten wir mit Hilfe eines zylindrischen Gegenstandes die Form des Radkranzes festzustellen und dann zu löten; ist dies geschehen, bringen wir die Speichen an, indem wir deren Ende um den Radkranz wickeln und dann einzeln festlöten. Das als Nabe dienende Kupferblättchen verlöten wir nun mit einer einzigen Speiche; die übrigen dienen ihm nur als Stütze. Das Plättchen hat die Form eines Tellers und kehrt die konkave Seite nach unten. Im Zentrum bringen wir eine kleine Vertiefung an; sie dient zur Aufnahme der Nadel, die den Apparat trägt. Letztere ist in einem Kork befestigt, der seinerseits in einem Kerzenleuchter steckt. Damit der Apparat seine horizontale Lage behauptet, hängen wir an einer Anzahl Speichen (vier genügen) kleine aus Karton geschnittene Fähnchen auf.

Erwärmen wir nun mittels einer Kerzenflamme eine der Lötstellen des Radkranzes und halten an der gegenüberliegenden Seite einen Hufeisenmagneten so, daß er etwas in die Ebene des Rades hineinragt, so wird sich das Rad alsbald in Drehung versetzen, die sich um so geschwinder gestaltet, je dünner der Kupferdraht ist. (Für ein Rad von 10 cm Durchmesser paßt am besten Draht von $^{2}/_{10}$ oder $^{3}/_{10}$ mm.) Das Experiment stellt die Verwandlung von kalorischer Kraft in elektrische und weiterhin in mechanische dar. Durch das Erwärmen der Lötstäbe entsteht ein elektrischer Strom, der sich der entgegengesetzten Lötstelle und somit dem Radkranz mitteilt. Dort gabelt er sich und kehrt zu der ersten Lötstelle zurück. Ohne Beihilfe des Magneten würde seine Wirkung gleich Null sein, da er sich aufhebt; mit ihm kommt erst die Drehung zustande.

Die Schwingungen eines tönenden Glases sichtbar zu machen

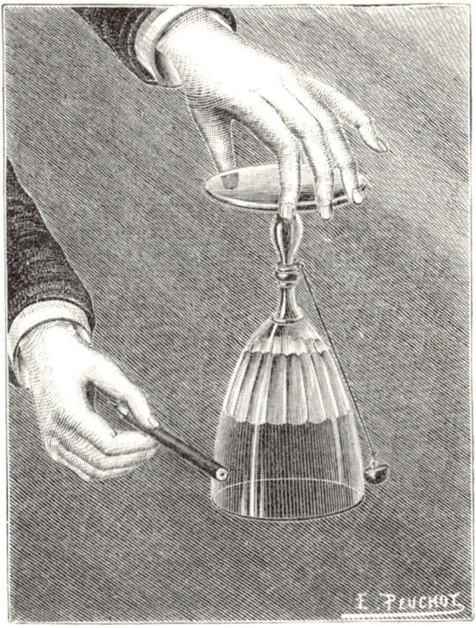

Ein Fundamentalsatz in der Akustik, bekanntlich die Lehre vom Schall, lautet: Jeder Körper, der einen Ton von sich gibt, befindet sich in Schwingung; unter Schwingung wiederum haben wir die hin und her gehende, in gewissen Perioden sich wiederholende Bewegung des tönenden Körpers zu verstehen. Man unterscheidet Geräusche und

Klänge. Erstere machen einen unregelmäßigen, wechselnden Eindruck, wie z. B. das Rauschen des Wasserfalles, das Geplätscher des Springbrunnens, das Rasseln, Poltern u. a. Beim Klang dagegen macht sich beim Beobachter eine ganz bestimmte, kontinuierliche Empfindung geltend, die man als eine periodische, d. h. als eine in gleichen Zeitabschnitten regelmäßig sich wiederholende bezeichnen könnte. Bezüglich des letzteren läßt sich die Äußerung des mechanischen Vorganges durch ein sehr einfaches Experiment leicht erproben und konstatieren. Wir knüpfen zu diesem Zweck an den Fuß eines umgestürzten Glaskelches ein kleines Pendel aus einem Stück Bindfaden, und an diesem einen Schuhknopf, den wir vom Schuster erbeten oder einem abgelegten Knopfstiefel entnommen haben. Der Knopf muß an den unteren Teil, beziehungsweise an den Rand des Glases zu hängen kommen, wie die Abbildung das deutlich zeigt. Haben wir den Apparat solcherweise fertiggestellt, halten wir das Glas mit den Fingerspitzen der einen Hand am Kelchboden und schlagen mit einem Bleistift, den wir mit den Fingern leicht erfassen, an die äußere Wand des Glases, das einen Ton von sich gibt. Während der ganzen Zeit, innerhalb deren dieser Ton anhält, wird der Knopf an der Glaswand gar beweglich herumhüpfen und so die Schwingungen derselben veranschaulichen.

Das musikalische Papiermesser

Durch Versuche läßt sich leicht konstatieren, daß die Tonhöhe eines schwingenden Stahlstabes von der Schwingungszahl abhängt und mit letzterer zunimmt. Wenn wir das eine Ende desselben in einen Schraubstock einklemmen, das entgegengesetzte dann zur Seite biegen und plötzlich loslassen, versetzt sich der Stab in Schwingungen. Ist der Stab lang, so können wir dieselben sogar mit dem Auge verfolgen, dabei vernehmen wir ein sonores Summen. Wenn wir sodann den Stab verkürzen, so werden wir sehen, daß seine Schwingungen immer schneller werden; schließlich können wir sie mit dem Auge nicht mehr wahrnehmen, aber das Ohr vernimmt den Klang, der immer höher ansteigt.

Ähnlich ist der Vorgang, wenn wir einen linealartig geformten Holzstab gegen die hohlen Wände eines hohlen Kastens schlagen; der Klang ist tief, erfolgt der Anschlag in der Nähe der Finger, die den Stab halten: er steigt, je weiter entfernt von den Fingern der Holzstab aufschlägt. Dies befähigt uns, mit einem gewöhnlichen hölzernen Papiermesser oder einem ähnlich gestalteten breiten und dünnen Holzgegenstand die vollständige Tonleiter, ja sogar, wenn Talent und Übung vorhanden, ganze Musikstückchen zu spielen. Wenn wir nämlich ein solches möglichst langes Messer, leicht mit Daumen und Zeigefinger erfaßt, an der Kante eines hohlen Kastens anschlagen, so ergeben sich, wie schon gesagt, verschiedene Töne, je nach Lage des zum Anschlag gelangten Punktes; sie werden hier indessen durch das Mitschwingen der hohlen Wände des Kastens erheblich verstärkt. Der letztere dient uns somit als Resonanzboden, und die durch ihn verstärkten Schwingungen werden unserem Ohr als um so höher liegende Töne hörbar, je rascher sie aufeinander folgen. Wir können also das Messer in der Tat zum Musikinstrument umwandeln, wie das unsere Abbildung zeigt, wenn wir mit der Feder die verschiedenen Anschlagstellen, welche den Tönen der Tonleiter entsprechen, dem Messer entlang bezeichnen, dürfen aber dabei nicht vergessen, auch jene Stellen genau zu markieren, wo Daumen und Zeigefinger auf dem Holz aufzuliegen haben, da ja von der Länge die Höhe des Tones abhängt.

Ein hydraulisches Mikrophon

Zwischen der Schwingungszahl der Stimmgabel oder einer Saite und der zeitlichen Aufeinanderfolge fallender Wassertropfen besteht ein Einklang, wie wir an dem je nach der Tonhöhe verschiedenen Geräusch der niederfallenden Tropfen hören könnten, wenn dieses nicht durch jenen stärkeren Ton übertäubt würde. Wir können uns leicht davon überzeugen, wenn wir ein zwar kräftiges, aber weniger lautes, regelmäßiges Geräusch anwenden, z. B. das Ticken einer Taschenuhr. Den betreffenden Apparat, den unsere Abbildung zeigt, können wir uns leicht herstellen. Wir nehmen eine dünnwandige Glasröhre von 4–6 mm Dicke und halten sie vertikal mit dem unteren Ende in eine Spiritusflamme, während wir das obere zwischen den Händen etwas um die Längsachse rollen. Sobald das untere Ende weich wird und sich schließen will, blasen wir kräftig in das kalte (obere) Ende, so daß sich unten eine Öffnung von vielleicht $^1/_3$ mm Weite bildet. Das weite Ende der Röhre verbinden wir durch einen Gummischlauch mit der Wasserleitung oder einem hochgestellten Wassergefäß und lassen aus der engen Öffnung der Glasröhre einen vollkommen klaren (d. h. von Luftblasen freien) Wasserstrahl vertikal herabfallen. Etwas über der Stelle, an der er sich in Tropfen aufzulösen beginnt, fangen wir ihn durch eine Gummimembran auf, die über das obere Ende einer 1 cm starken Metallröhre gespannt ist; in diese mündet, rechtwinkelig zu ihr, ein Schalltrichter. Halten wir jetzt eine kräftig tickende Taschenuhr an die Glasröhre, so regeln die gleichmäßigen Stöße der Uhr die Bewegung des Wassers derartig, daß man in gleichem Tempo das Geräusch des auf die Membran fallenden Wassers hört, also wiederum eine Art Ticken, nur bedeutend stärker als bei der Uhr, etwa als würde auf einen Amboß gehämmert. Wir haben also einen Apparat vor uns, den wir seiner Wirkung nach ein hydraulisches Mikrophon nennen könnten, nur hat es natürlich in seiner Zusammensetzung mit dem gewöhnlichen Mikrophon nichts gemein.

Singende Gläser

Gießen wir in ein Trinkglas oder in eine Flasche irgendeine Flüssigkeit, so entsteht dadurch ein Geräusch, dessen Töne um so höher liegen, je mehr sich das Gefäß mit Flüssigkeit füllt. Durch das einfallende Wasser werden auch die davon noch nicht berührten Teile des Glases in Schwingungen versetzt, die schwingenden Glasteilchen aber durch die mehr und mehr zufließende Flüssigkeit vermindert, so daß also der Ton sich verändert, d.h. höher wird; mit anderen Worten: je mehr Wasser im Glas, je höher der Ton. Auch dieses Prinzip können wir nützen, um aus sieben Stengelgläsern ein einfaches

Musikinstrument zusammenzustellen, indem wir durch Eingießen verschiedener Mengen Wasser die Gläser so stimmen, daß die ganze Reihe der Tonleiter vorliegt. Durch Anschlag eines oder mehrerer Korkhämmerchen können wir dann einfache Melodien auf den Gläsern spielen.

Sind die Ränder der Gläser geschliffen, so können diese durch sanftes Streichen mit dem feuchten Finger ebenfalls zum Schwingen gebracht werden; die so entstandenen Töne sind voll und stark, ja orgelartig. Auch hier werden die einzelnen Gefäße durch Wassereinguß abgestimmt. Wir hatten wiederholt Gelegenheit, umherziehende Künstler zu hören, die es im Spiel einer größeren Anzahl Gläser zu wahrer Virtuosität gebracht hatten, namentlich erinnern wir uns eines solchen im Themsetunnel, dessen Melodien weithin schallten, weil hier in dem langgestreckten Raum die Bedingungen gegeben waren, die Schallstrahlen mächtig zu reflektieren. Dieses letztere tritt ein, wenn die Grenzfläche eine ebene oder regelmäßig gekrümmte Fläche ist, während entgegengesetzten Falles die Strahlen unregelmäßiger Reflexion unterworfen werden. Die vollkommenste und stärkste Reflexion belohnen wir mit der Bezeichnung des Echo. Wo dieses letztere störend wirkt, wie in Theatern, Konzertsälen, sucht man es bekanntlich zu beseitigen, indem man die Wände durch Nischen, Säulen, Pilaster u. a. uneben macht, oder nicht gespannte, daher nicht schwingungsfähige Draperien anwendet.

Die Flaschenharmonika

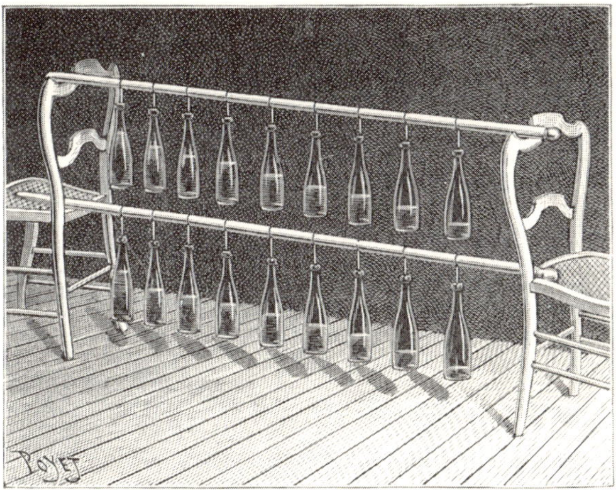

Auf ganz derselben physikalischen Ursächlichkeit, wie die zuvor geschilderten singenden Gläser, beruht die Zusammenstellung und das Spiel der oben abgebildeten Flaschenharmonika.

Um uns ein solches Musikinstrument herzustellen, nehmen wir zwei gewöhnliche Stühle und legen über Sitzrand und obere Lehne je einen hölzernen Stab, am besten zwei Bambusrohre. An die hängen wir in gleichen Abständen eine beliebige Anzahl Weinflaschen, und zwar so, daß wir dünne Bindfadenstücke um die Flaschenhälse schlingen, daselbst verknüpfen und die Schlingen über die

Stäbe schieben. Die Flaschen bleiben offen, und sie hätten nun nur noch durch Wassereinguß abgestimmt zu werden. Wiewohl hierfür bei gegebener Flaschengröße die bestimmten Abstufungen unschwer zu berechnen wären, vermögen wir für die Füllung eine zahlenmäßige Anleitung dennoch nicht anzugeben, lassen dies vielmehr auf der individuellen musikalischen Befähigung des versuchslustigen Künstlers beruhen, auch hier geht Probieren über Studieren!

Das Spiel selbst wird mit langstieligen hölzernen Klöppeln bewerkstelligt, ähnlich geformt wie die Hämmerchen beim Croquetspiel. An der musikalischen Übung können sich bei dem reichlichen Raumverhältnis, das die Flaschenharmonika darbietet, zwei, ja sogar auch drei Personen beteiligen. Auch bezüglich der Frage, welche Technik dabei am besten zur Anwendung gelangt, enthalten wir uns der Anleitung. Unsere Erfahrung beschränkt uns darauf zu sagen, daß gut eingeschulte Musikanten ein Konzert in geschlossenem Raum immerhin getrost wagen dürfen, daß aber für die Einstudierungen besser das Spiel im Freien empfohlen sein möchte, womöglich in einem abgelegenen Teil des Gartens, da die Produktion im geschlossenen Zimmer zarte Nerven über Gebühr angreift.

Blasebalg als Musikinstrument

Der musikalische Blasebalg ist durchaus nichts Lächerliches. Es trägt übrigens jeder Mensch einen Blasebalg in seiner Brust mit sich herum. Es ist die Lunge, die im Verein mit dem Kehlkopf das berühmte Musikinstrument bildet, das unsere Stimme hervorbringt. Der Entdecker will übrigens sein Musikinstrument ebenfalls durchaus ernsthaft genommen wissen, und wenn er behauptet, daß er es auf demselben zu einer bedeutenden Virtuosität gebracht hat, so liegt nicht der mindeste Grund vor, sich ungläubig zu verhalten. Er behauptet sogar, die größte Schwierigkeit bestehe darin, überhaupt eines Blasebalges habhaft zu werden, und darin mag er nicht unrecht haben. Dieses Gerät, das man zu Olims Zeiten in jeder Küche antraf, dürfte heute nur noch schwer aufzutreiben sein. Wir aber wollen, in der Voraussetzung, daß wir in der Rumpelkammer oder sonst wo doch noch ein solches Möbel entdecken, immerhin hören, was uns der Virtuose auf diesem Instrument über dessen Handhabung zu sagen weiß.

Man halte, so lehrt er, den Blasebalg fest und gerade vor die Brust (wie es die Abbildung zeigt), presse die Mündung der Düse gegen die Unterlippe und nehme den beweglichen Handgriff in die rechte, den festen in die linke Hand. Man lasse die Oberlippe etwas hervortreten, damit sie ein Hindernis für den entströmenden Wind biete. Befolgt man diese Vorschriften, so wird man nach etlichen Versuchen (und vermöge einiger Geduld) den ersten Ton hervorbringen. Derselbe wird im Anfang vielleicht nicht sehr lieblich klingen, immerhin wird es ein Ton sein und »wo ein Ton ist, da ist auch Musik«, lautet der tiefsinnige Ausspruch eines Meisters. Zur Veränderung und Vervielfältigung dieses Tones nach oben oder unten bedürfe es ferner nur der veränderten Lippenstellung, der Vergrößerung oder Verkleinerung der Mundhöhle, welch letztere zugleich Resonanzboden und Schallbecher sei. Man verzweifle nicht am Erfolg, wenn auch im Anfang die Fortschritte auszubleiben scheinen, sagt der Entdecker. Er selbst sei nur sehr langsam vorwärts gekommen und jetzt spiele er alle möglichen Melodien in sage und schreibe drei Oktaven!

Glas- oder Kartonröhre als Posaune

Es ist bekannt, daß man mit einer Glasröhre den Gesang eines kleinen Vogels täuschend nachahmen kann, wenn man die Röhre vermittelst eines Stückchens weichen Korkens ihrer Länge nach auf der Außenseite reibt. Ganz dasselbe läßt sich mit dem erwähnten Korken auch auf einer gewöhnlichen Glasflasche ausführen. Die Töne entsprechen dabei der Schnelligkeit der jeweils herbeigeführten Reibung.

Nimmt man aber eine Glasröhre von etwa 2 cm Breite und 30 cm Länge und weitet dieselbe über einer Spiritusflamme an Stelle eines Mundstückes an dem einen Ende etwas aus, so kann man sich mittels derselben ein Musikinstrument herstellen, das in seiner Klangwirkung lebhaft an den Ton einer Posaune erinnert. Wir rollen zu diesem Zweck ein Blatt Bristolkarton um die Röhre und verkleben das Ende derselben, so daß die Röhre in ihrer Länge verdoppelt wird. Diese doppelte Röhre ist genügend lang, um eine gute Trompete herzustellen, deren Grundton sehr tief ist. Durch das Hinausschieben der Papierröhre auf der Glasröhre vermindert man die Länge der schwingenden Luftsäule, und der Ton wird desto höher, je mehr man die Röhre in die Höhe schiebt. Diese Instrumentenart gleicht – es sei zu sagen erlaubt – der antiken Schiebeposaune. Auf derselben zu spielen, ist wirklich nicht schwer, jeder Laie vermag sich daran zu belustigen, und der Dilettant kann schließlich auch zum Künstler werden. Wir kennen einen jungen Mann, derselbe, dessen Konterfrei der Leser umstehend vorfindet, der das Instrument mit einer solchen Fertigkeit spielt, daß man sich gar nicht denken kann, wie es möglich ist, aus einem so sehr primitiven Blasinstrumente so vollendete Töne hervorzubringen.

Eine einfache Schlagharfe

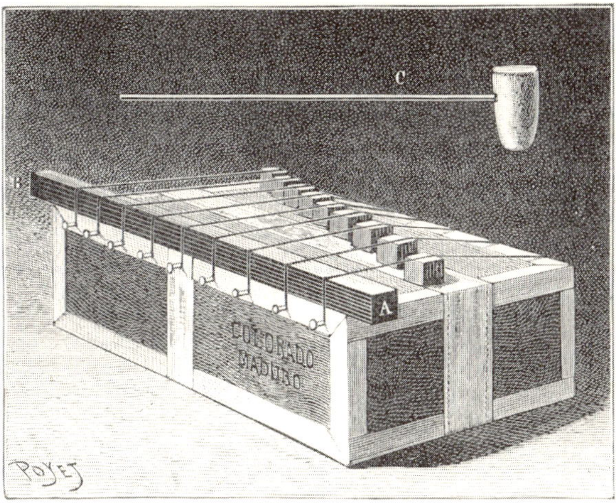

Die Reihe unserer Instrumentengalerie zu beschließen, wollen wir den verehrten Leser nun auch noch die Herstellung einer Schlagharfe kennenlernen lassen, jenes Instrument, mit dem man wirklich sehr hübsche und ansprechende Musikstückchen auszuführen vermag, zugleich aber auch die Gesetze der Saitenschwingungen studieren kann, die in ihrer Mannigfaltigkeit vieles Interessante darbieten, sei es, daß wir die Saiten durch Verbindung mit einem tönenden Körper anregen, oder durch Zupfen, Schlagen, Reißen mit dem Stift oder durch Streichen mit dem Bogen in

Schwingung versetzen. In allen Fällen kommt niemals eine einzige Schwingung zustande, sondern es sind je nach der Art und dem Ort der Anregung, außer dem Grundton eine ganze Anzahl harmonischer Obertöne vorhanden. Es würde zu weit führen, hier näher darauf einzugehen.

Für den Bau unseres Musikinstrumentes verschaffen wir uns zunächst ein gewöhnliches aber sauberes Zigarrenkistchen und schlagen, wie aus der Abbildung ersichtlich, auf beiden Längsseiten, nahe der oberen Kante, in gleicher Entfernung kleine Nägel ein. An diese spannen wir, von dem einen diesseitigen Nagel bis zum jenseitigen auf gleicher Höhe dünne Messingdrähte und schieben linksseitig ein säuberlich zugehobeltes, scharfkantiges Walzenlineal AB und in schräger Richtung kleine Holzwürfel unter, die wir so lange hin und her rücken, bis die Saitentöne der Tonleiter entsprechen. Noch können wir, wenn wir die Lust dazu verspüren, die Außenwandungen des Kästchens hübsch bemalen oder nach Geschmack hell oder dunkel beizen und die Schlagharfe wäre somit fix und fertig. Wir bedürfen jetzt nur noch zweier Fischbeinstäbchen und stecken je an eines ihrer Enden einen nach C (der Abbildung) sorgfältig zugeschnittenen und zugefeilten Korkpfropfen. Mit diesen beiden Spielhämmerchen wolle der Leser dann sein Kunstvermögen versuchen, das – so wünschen wir! – nach einiger Übung recht hübsche Resultate aufweisen möge.

Eine Zeichnung in Feuerlinien

Eine recht artige Spielerei bilden anscheinend leere Papierblätter, aus welchen durch Berühren mit einem glimmenden Zündhölzchen Figuren herausgebrannt werden können, wie uns ein solches oben in der Abbildung entgegentritt. Die Präparation dieser Papiere ist so einfach, daß eine kurze Beschreibung jedermann befähigt, sich solche Feuerlinienblätter, vorausgesetzt, daß man auch etwas zeichnen kann, selbst herzustellen.

Wir lösen zu diesem Zweck in kaltem Wasser so viel Salpeter auf, daß dasselbe hiervon gesättigt ist, was wir daran erkennen, daß von letzterem trotz mehrmaligem Umrühren nach längerer Zeit am

Boden des Gefäßes noch ungelöste Teile liegen bleiben. Mit dieser Lösung zeichnen wir nun mit Hilfe eines spitzen Pinsels aus dünnem, unbedrucktem Zeitungspapier die Figur irgendeines Tieres oder sonst eines Gegenstandes in Umrissen auf und lassen das Blatt gut trocknen. Die Zeichnung wird in dieser Verfassung auf dem Papier nicht oder kaum sichtbar sein, was uns, je nachdem wir uns in einer Gesellschaft befinden, zugleich die vielleicht nicht erwünschte Gelegenheit gibt, dem Experiment den Anschein einer kleinen Hexerei zu geben. Dann brennen wir nun ein Zündhölzchen an, blasen die Flamme aus und berühren mit der noch glühenden Spitze einen sorglich vorher schon angemerkten Punkt der Zeichnung, beziehentlich das anscheinend leere Papier, so wird der Salpeter sogleich Feuer fangen und dieses letztere just den Weg verfolgen, welcher mit der Lösung vorgezeichnet ist, wodurch die Figur aus dem Papierblatt herausgebrannt wird.

Das Experiment ist nicht unbekannt, wird aber gewiß immer wieder vieles Vergnügen gewähren, besonders wenn die Feuerlinienfigur scherzhafter Natur ist.

Das Stanniolfeuerwerk

Im folgenden sei die Beschreibung eines billigen, gefahrlosen und lehrreichen Salonfeuerwerks gegeben, das jedermann auszuführen vermag. Es hat überdies den Vorzug, keine oder nur wenige Kosten zu verursachen, denn wir brauchen dazu nur etwas Stanniol, wie es zum Einwickeln von Schokolade u. a. verwendet wird, ferner eine Kerze und ein Lötrohr; wer letzteres nicht besitzt, kann, wie unsere Abbildung lehrt, statt seiner eine gewöhnliche Tonpfeife verwenden.

Der Vorgang selbst ist ebenso wie die Vorbereitungen es gewesen sind, höchst einfach; aus dem Stanniol schneiden wir Streifen von 2 bis 3 cm Breite und halten sie in die Lötrohrflamme. Alsbald entsteht ein Brillantfeuerwerk, indem das Zinn verbrennt und in weißglühenden Kügelchen herabfällt, die wieder emporspringen und nach allen Richtungen auseinander laufen.

Der schöne Versuch ist, wie gesagt, gefahrlos. Schützt man etwa den Tisch durch eine Wachstuchdecke, so hinterlassen die Kügelchen nur eine weiße Spur, die man ohne weiteres mit einem Tuch wegwischen kann.

Aber woher kommt die weiße Farbe der Kügelchen, wird der eine oder andere wißbegierige Leser fragen. Nun, das ist eben das Lehrreiche des Versuches und darum wollen wir die Antwort auf diese Frage auch nicht schuldig bleiben, das verbrennende Zinn verwandelt sich nämlich durch Aufnahme von Sauerstoff aus der Luft in Zinnoxyd, das nicht mehr die silberglänzende Farbe des Zinnes hat, sondern weiß aussieht.

Ein einfacher Filtrierapparat

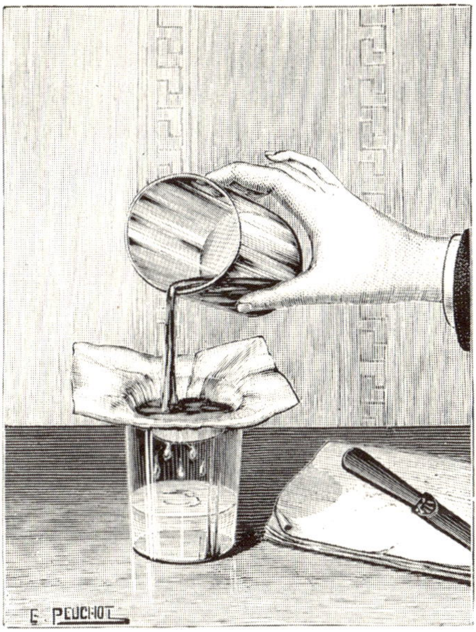

Was heißt filtrieren? Man versteht darunter das Durchgießen einer Flüssigkeit durch einen feinlöcherigen oder porösen Stoff, in der Absicht, die nichterwünschten Substanzen, unaufgelöste Teile einer Lösung, oder tierische Organismen kleinster Art, von der Flüssigkeit zu trennen. Auch verunreinigte Gase werden oftmals durch bezeichneten Stoff in derselben Absicht hindurch geleitet. Und wie oft wäre es bei unseren Studien wünschenswert, wenn wir ohne viele Vorbereitung rasch einen Niederschlag aus einer bestimmten Flüssigkeit auszuscheiden vermöchten.

Unser Bild zeigt, wie man sich schneller Hand einen solchen Apparat herstellen kann. Wir legen auf ein gewöhnliches Trinkglas ein Stück Fließpapier, oder sogenanntes Filtrierpapier, wie es von manchem einsam hausenden Junggesellen, tütenförmig gedreht, auch zur Kaffeebereitung benützt wird, drücken dasselbe mit dem Fuß eines zweiten Trinkglases leicht an, so daß es etwa einen Finger tief, senkrecht an den Rand des Wasserglases angelehnt, mit seiner Horizontalfläche gleichsam eine aufgesetzte Schale bildet, und bedienen uns derselben nun als Filter unter der Bedingung, daß wir die zu filtrierende Flüssigkeit nur in kleinen Mengen nach und nach vorsichtig aufgießen. Um gleich das Beispiel eines Niederschlages zu demonstrieren, versuchen wir die Bildung von chromsaurem Blei. Zu diesem Zweck gießen wir in ein Glas eine sehr verdünnte Lösung von Chromkali, welche von klarem Hellgelb und durchsichtig ist. Wir fügen zu dieser Lösung eine sehr kleine Menge essigsaures Blei in Lösung und erhalten augenblicklich einen dunkelgelben, klümperigen, sehr dichten Niederschlag von unlöslichem Chromblei, den wir durch Filtrierung von der Flüssigkeit trennen können.

Ein igelartiges Kristallgebilde

Will der verehrte Leser noch einen höchst überraschenden Kristallisationsversuch anstellen? Ja? Gut! Wir nehmen gewöhnliche Soda und lösen davon so viel in Wasser, als dieses aufzunehmen vermag. Zergehen die Kristalle nicht mehr, trotzdem wir wiederholt umrühren, können wir annehmen, daß die Flüssigkeit gesättigt ist. Alsdann gießen wir die klare Flüssigkeit vorsichtig in ein zweites Gefäß, in dem sich der Versuch abspielen soll. Nun binden wir eine türkische Bohne an einen Faden und dessen anderes Ende an einen Draht, eine Glasröhre oder ein Streichholz. Ebenso hängen wir einen nicht porösen Körper, also etwa eine Steinkugel oder ein Stück Glas, an den Träger. Den letzteren legen wir quer über das Glasgefäß, das die Flüssigkeit enthält, so daß die beiden Körper in letztere eintauchen, ganz so, wie es aus unserer Abbildung ersichtlich ist. Überlassen wir nun das Ganze eine Zeitlang sich selbst, so beginnt an der Bohne eine auffällige Kristallbildung; stachelähnliche Nadeln von Soda setzen sich an ihr an und überziehen sie bald derartig, daß sie wie ein kleiner Igel aussieht, von der Bohne ist nichts mehr zu erblicken. Dagegen verändert der andere Körper (in unserer Abbildung eine Steinkugel, wie sie von den Kleinen zum Spielen benutzt wird) sein Aussehen ganz und gar nicht.

Die Ursache der Kristallbildung an der Bohne ist unschwer zu erkennen. Sie ist im Gegensatz zu der Steinkugel sehr porös und daher äußerst hygroskopisch, d. h. sie nimmt Wasser in sich auf, wo sie aufquillt. Aber sie nimmt nur Wasser in sich auf; die in dem Wasser aufgelöste Soda wird daher ausgeschieden und setzt sich in Form von Kristallnadeln an ihrer Außenseite an, und in dem Maß, wie die Wasseraufnahme zunimmt, steigert sich auch die Kristallbildung. Die Steinkugel dagegen ist nicht porös, nimmt daher kein Wasser auf und scheidet folglich auch keine Soda aus. Der sehr einfache, leicht auszuführende Versuch wird jedermann überraschen.

Schattenrißbilder

Auch wer im Zeichnen noch recht unerfahren ist, kann von seinen Freunden Bildnisse von sprechender Ähnlichkeit herstellen, und zwar in folgender Weise. Wir nehmen einen Bogen Papier, der auf der einen Seite schwarz, auf der anderen weiß ist, und heften ihn mit Stecknadeln oder Haftstiften so an die Wand des Zimmers, daß die weiße Seite nach außen sieht. Hieraus stellen wir in entsprechender Entfernung eine hellbrennende Lampe auf den

Tisch und lassen die Person, die wir zu porträtieren wünschen, zwischen diese Lampe und die Wand treten. Da nun der Schattenriß der Person scharf auf den Papierschirm geworfen wird, so zeichnen wir mittels eines Bleistifts einfach den Umriß dieses Schattens sorgfältig nach, wobei aber die zu porträtierende Person während der ganzen Dauer der Operation sich absoluter Ruhe hingeben muß. Haben wir die Umrisse genau nachgezeichnet, so nehmen wir das Papier von der Wand, überfahren den Strich da, wo er ungenügend war, deutlicher und schneiden dann die Zeichnung aus. Nun brauchen wir nur das ausgeschnittene Bild umzudrehen und auf einen Bogen weißen Papiers zu kleben. Der Schattenriß profiliert sich schwarz, und wenn wir bei dem ganzen Prozeß nur einige Geschicklichkeit dargetan haben, so ist die Ähnlichkeit zumeist vollständig. Nach einiger Übung gelangt auch der erstmals Versuchende zu einer gewissen Kunstfertigkeit in diesem Verfahren und kann Porträts herstellen, welche ganz denjenigen gleichkommen, die wir im oberen Teil unseres Holzschnittes abbilden ließen. Wer überdies mit dem Pantograph oder Storchschnabel umzugehen versteht, kann derartig aufgenommene Schattenrisse oder Silhouetten in jedem beliebigen Maßstab verkleinern und füglich ein Album anlegen, an dem er seine Freude haben wird.

Schattenbilder

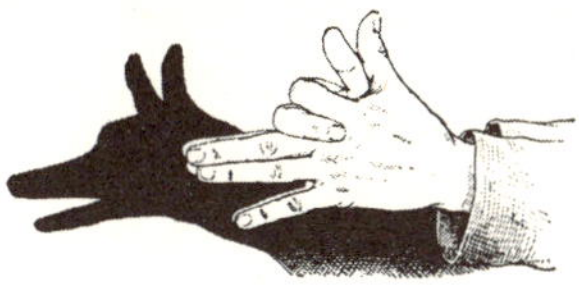

Freund Reineke

Ein hell brennendes Licht, eine weiße Wand, ein paar Hände, das sind die einzigen Erfordernisse, um jene possierlichen Schattenbilder hervorzuzaubern, die alt und jung erfreuen. Freilich dürfen die Finger nicht steif und ungelenk sein, sonst entstehen recht zweifelhafte Ungetüme. Wer sich daher dieser schönen und amüsanten Kunst widmen will und nicht von vornherein über die nötige Geschmeidigkeit verfügt, der übe sich, der Erfolg wird bei einiger Ausdauer auch dann nicht ausbleiben.

Beginnen wir unsere Vorstellung mit der Wiedergabe des *Fuchses*. Die Fingerstellung ist nach unserem Bild recht leicht. Seine Schnauze, lang und spitz, zeugt von List und Schlauheit. Der etwas geöffnete Mund drückt Erwartung aus, doch da nichts vorhanden ist, was sein Gemüt bewegen kann, öffnet er weit das Maul – gähnt mehrere Male hintereinander, doch brauchen wir nicht zu fürchten, daß unsere aufmerksamen Zuschauer davon angesteckt werden. – Haben sie sich an dem Bild satt gesehen, stellen wir, um unsere Vielseitigkeit zu beweisen, einen

Der Schiffer

menschlichen Schattenriß dar, und zwar einen *Schiffer*; er gondelt, sein Fahrzeug sicher durch Wellen und Wogen zu leiten, bedächtig stromabwärts. Die Stellung der rechten Hand, die den Mann darzustellen hat, ist nicht schwierig; ein an dem Daumen befestigtes Klötzchen bildet das Ruder, ein Papierausschnitt, mit Zeige- und Mittelfinger gehalten, den Hut. – Schwabb! weg ist das Bild, es folgt *Monsieur Herkules*. Dieser Kraftmensch hält mit den Händen eine mächtige Hantel, mit den Zähnen einen Stuhl. Die Puppenstube wird uns den letzteren liefern, die Hantel ist aus einem Stäbchen und Brotkügelchen gebildet. – Recht beruhigend wirkt und gemütlich ist der *Elefant*. Gar sprechend ist sein Auge, den langen Rüssel bewegt er pendelartig hin und her, rollt ihn auf und streckt ihn wieder geradeaus. Wer ein übriges tun will, kann ihm durch eine dritte Hand einen Apfel (Brot-

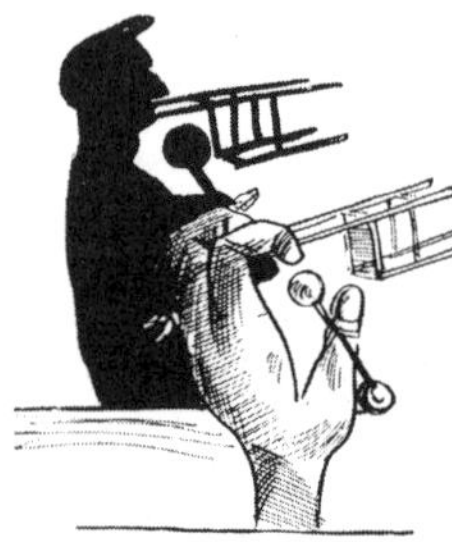

Monsieur Herkules

Der Elefant

kügelchen) reichen lassen; er erfaßt ihn mit dem Rüssel und verschlingt ihn mit Genuß. Folgt der vergnügte *Trunkenbold.* Die große Trinkernase zu bilden hat hier der Zeigefinger der rechten Hand übernommen. Der kleine Finger ist berufen, den Schatten des stark hervortretenden Kinns auf die Wand zu werfen, während der Hut, wiederum aus Papier geschnitten, vom Daumen und dem Zeigefinger gehalten wird. Den vorgestreckten Arm mit der Flasche übernimmt die linke Hand und ein Stück des Armes; ein von dem rechten auf den linken Arm niederfallendes Stück Tuch stellt die Brustpartie des Mannes dar. Es ist selbstverständlich, daß der Trunkenbold seiner Leidenschaft frönt, also ab und zu ein Schnäpschen gluckst. – Folgt der *Äquilibrist.* Er balanciert in überaus erstaunlicher Weise auf einem Stäbchen kunstgerecht ein Ei. Für ersteres ist ein langes Zündhölzchen notwendig, das Ei wird aus starkem Papier geschnitten, und in einem mit dem Messer gemachten Ritz im Hölzchen festgesteckt. Der Hut,

Der Trunkenbold

Der Äquilibrist

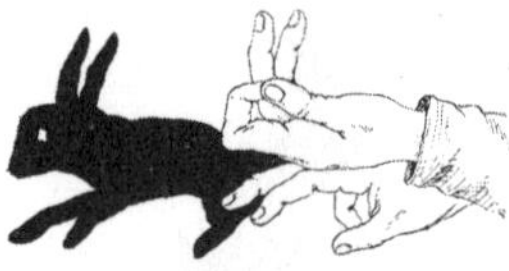

Das Kaninchen

ebenfalls aus Papier, wird zwischen Zeige- und Mittelfinger geklemmt, das Hölzchen mit dem Ei an den Daumen festgebunden. – Das hübsche *Kaninchen* erfordert die Tätigkeit beider Hände, wie, zeigt unverkennbar die Abbildung. Das anmutige Tier ist äußerst lebendig, bewegt die Löffel und trommelt lebhaft mit den Vorderbeinen, es setzt sich sogar auf die Hinterläufe und macht Männchen. – Auch die *Rothaut* soll nicht fehlen. Die Hauptrolle spielt dabei die rechte Hand, sie hat das Gesicht zu bilden; die Linke wird gekrümmt und gespreizt und ruft im Schattenbild den Federputz hervor. – Auch beim *Stier* sind beide Hände nötig. Die vorwärts gestreckte Schnauze wird von der Rechten dargestellt, während die Linke den Kopf und die drohenden Hörner zu formen übernimmt. – Etwas schwieriger ist der *Marineoffizier.* Hier hat die rechte Hand die Hauptsache, die Bildung des Gesichts, zu übernehmen, wobei der Gold- und der kleine Finger der Linken den abstehenden

Der Indianer

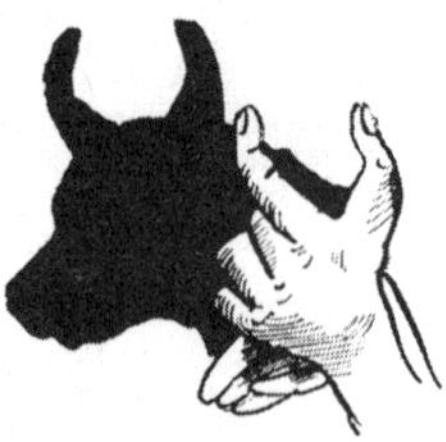

Ein Stier

Schnauzbart darstellen müssen. Den auf dem Kopf sitzenden Dreimaster bildet die linke Hand mit dem aufrechtgestellten Daumen und dem vorgestreckten kleinen Finger. – Folgt das böse Tier: der *Wolf.* Er hat die Augen zwar zugekniffen, doch besitzt er ein gar fürchterliches Gebiß. Das letztere wird, wie aus dem Bild ersichtlich, von den Fingerspitzen der rechten Hand dargestellt. Wenn er den Rachen aufreißt und zuschnappt, dann kann einem wahrlich angst und bange werden. – Ein mehr ansprechendes Bild ist dagegen der *Angler.* Es ist dies eine Szene, bei welcher durch gutgeschulte Fingerfertigkeit das Schaukeln des Schiffes, die gespannte Erwartung eines guten Fanges, endlich die triumphierende Haltung beim Erblicken des Fisches und beim Einzug der Angelschnur getreulich zum Ausdruck gebracht werden kann. –

Der Marineoffizier

Der Wolf

Der Angler

Ebenso dürfte das letzte Bild, das *Kasperltheater*, zu dessen Darstellung allerdings schon recht viel Geschick und Gewandtheit gehört, den vollen Beifall unserer Zuschauer erringen. – Erregen diese Schattenbilder, wie wir erfahrungsgemäß versichern können, schon an und für sich viele Heiterkeit, so ist dies in noch höherem Grad der Fall, wenn der Ausführende die einzelnen Bilder durch einen verbindenden und erklärenden lustigen Text zu begleiten weiß. Anzuraten wäre, vorher durch öftere Übung eine gewisse Fertigkeit in rascher Bildung der schwarzen Schatten erlangt zu haben, ehe die Aufmerksamkeit eines fröhlichen Kreises in Anspruch genommen wird. Der Erfolg und die Dankbarkeit wird um so sicherer und größer sein.

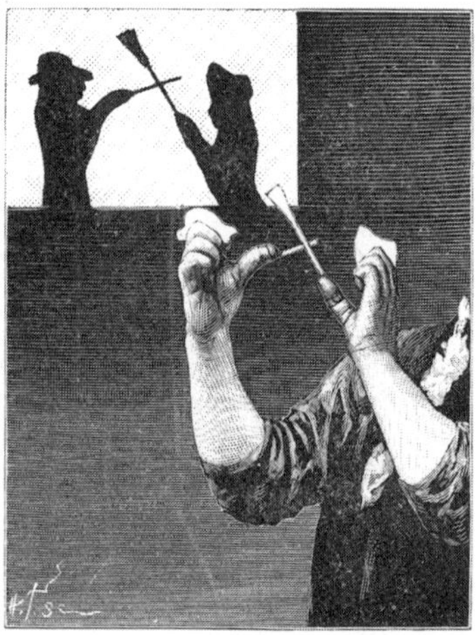

Das Kasperltheater